Läufe und Trittsiegel

Beim Bock ist der Tritt des Vorderlaufs deutlich stärker als der des Hinterlaufs (Abb. 1). Der Abstand des Geäfters von den Ballen ist beim Vorderlauf um die Hälfte kürzer als beim Hinterlauf. Die Trittsiegel sind zierlich und länglich-herzförmig. Auf harten Boden werden nur die Schalenspitzen und die vorderen Schalenränder eingedrückt. Sind die Ballen sichtbar, so nehmen sie etwa ein Drittel der Schalenlänge ein. Die Schalenspitzen sind etwas geschlossener als bei der Ricke. Die Schalen sind etwas größer. Bei der Ricke ist der Tritt des Vorderlaufs nur wenig stärker als der des Hinterlaufs (Abb. 2). Die Schalen sind gespreizt. Der Abstand des Geäfters von den Ballen ist – wie beim Bock – um die Hälfte kürzer als beim Hinterlauf.

Die Trittsiegel der Ricke sind geringer als die des Bockes; auch die Schalen sind im Vergleich zum Bock weniger gespreizt.

AF558422

FISCHER/SCHUMANN

Rehwild

Ansprechen und Bejagen

M. Fischer / H.-G. Schumann

Rehwild

Ansprechen und Bejagen

Bildnachweis
Sämtliche Zeichnungen wurden von H.-G. SCHUMANN angefertigt; die Fotos auf den Seiten 137 sowie 154–163 lieferte M. Fischer.

Impressum

ISBN 978-3-7888-2037-4

5. Auflage 2025
Printed in Germany

Erschienen im Ressort Jagd-Praxis im Auftrag des Verlages Neumann-Neudamm

© 2025 Neumann-Neudamm Verlag

c/o NJN Media AG
Unter dem Schöneberg 1
D-34212 Melsungen

info@neumann-neudamm.de
www.neumann-neudamm.de

Das Werk, einschließlich seiner Teile, ist urheberrechtlich geschützt. Jede Verwertung außerhalb der engen Grenzen des Urheberrechtsgesetzes ist ohne Zustimmung des Verlages unzulässig und strafbar. Das gilt insbesondere für Vervielfältigungen, Übersetzungen, Mikroverfilmungen und die Einspeicherung und Verarbeitung in elektronischen Systemen.

Inhaltsverzeichnis

Vorwort

Rehwild ist nach Anzahl und regionalem Vorkommen die in Deutschland verbreitetste Wildart. Es kommt in fast allen Jagdgebieten vor und ist nicht nur Kulturfolger, sondern gehört zur mitteleuropäischen Fauna. Damit erhält es vollen Bestandsschutz. Rehe sind an das Leben in gewisser Distanz zum zivilisierten Umfeld angepasst. Aus dem vertrauten und oft zum Teil durch Verkehrslinien und Wohnsiedlungen begrenzten Lebensraum lässt sich Rehwild kaum verdrängen. Bevorzugte Einstände sind aber sowohl Wald und Flur als auch Remisen, Schutzgehölze für Niederwild in der Nähe von Ortschaften, oder auch stadtnahe Wälder. Es ist deshalb von Bedeutung, sich mit der Lebensweise dieser Wildart umfassend zu beschäftigen, um der Einheit von Biotop- und Wildbewirtschaftung gerecht zu werden.

Mit der Bewirtschaftung wird der Altersklassenaufbau, das Geschlechterverhältnis, die körperliche Qualität der Rehwildbestände und die notwendige Wilddichte bestimmt. Dabei kommt es besonders in Waldgebieten darauf an, durch jagdliche Regulierung einen relativ angepassten, ökologisch verträglichen Bestand zu erreichen bzw. zu erhalten. Ziel ist es, Verbissschäden zu begrenzen, um waldbauliche Aufgabenstellungen nicht zu behindern; so ist die Bewertung der Rehwildsituation besonders für Waldumbaugebiete von großer Bedeutung. In Feldjagdgebieten kann zumeist ein optimal angepasster Feldrehbestand erreicht werden. Rehwild ist eine zum Teil tagaktive Wildart, die großes Interesse bei Naturfreunden und Jägern findet.

In den Bewirtschaftungsrichtlinien ist der Begriff Altersklassen – Altersklassenabschuss eingeführt. Zum besseren Verständnis haben die Autoren, die damals im Jagdwesen der DDR gebräuchlichen „Güteklassen“ für das männliche Schalenwild nochmals übernommen. Deshalb sind die Güteklassen in den einzelnen Kapitel noch zu finden.

Die in diesem Jagdbuch zusammengefassten Kenntnisse und Beobachtungen über richtiges Ansprechen und nachhaltiges Bejagen des Rehwildes im Rahmen einer sinnvollen und planmäßigen Bewirtschaftung werden dem Jungjäger fachliche Grundkenntnisse vermitteln und auch dem erfahrenen Jäger neue jagdliche Aufgaben aufzeigen. Die praktischen Beispiele zum Ansprechen von Böcken und weiblichem Rehwild vermitteln anschaulich Entscheidungshilfen, ob das Stück abschussnotwendig ist oder weiterhin im Bestand verbleiben sollte.

Anliegen der Autoren ist es, mit ihren langjährigen praktischen Erfahrungen Ziele und Aufgaben einer nachhaltigen Wildstandsbewirtschaftung – durch Erhalt und/oder Aufbau von körperlich starken, gesunden Rehwildbeständen – und den Schutz rehwildtypischer Biotope zu unterstützen.

Zum Aufgang der Bockjagd 2005

MANFRED FISCHER
und
HANS-GEORG SCHUMANN

Allgemeine Grundsätze für den Wahlabschuss

Ziel der Rehwildbewirtschaftung ist es, die nach ihrer Leistungsfähigkeit unterschiedlichen Rehwildpopulationen so zu bejagen, dass eine für die Interessen der Landeskultur tragbare und der Entwicklung des Wildes erträgliche Wilddichte in Übereinstimmung gebracht wird und auch erhalten bleibt. Eine annähernd erreichte tragbare Wilddichte ist unbedingte Voraussetzung für eine wirksame Bewirtschaftung. Es ist jedoch nicht einfach, einen auf den Punkt geführten Wahlabschuss durchzuführen, weil gewöhnlich der Rehwildbestand nicht genau bekannt ist. So kommt es vor, dass der Rehwildbestand in Waldgebieten oft nur zu 50 % erfasst ist. In Feldjagdgebieten mit kleinen Waldflächen und Remisen liegt dagegen meist eine genauere Übersicht vor. Eine Qualitätsverbesserung der Bestände benötigt einen langen Zeitraum und rechtfertigt nie einen wahllosen Abschuss. Bei einer stetigen Qualitätsentwicklung geht es um einen gesunden, wildbretstarken Rehwildbestand, der bei den Böcken eine dem Biotop angepasste Trophäenentwicklung hervorbringt.

Grundsätze sind:

- An alle Altersklassen des männlichen und weiblichen Rehwildes sind hohe Qualitätsanforderungen zu stellen, um eine kontinuierliche Entwicklung der Körperstärke – und Trophäenqualität – zu erreichen.
- Die Qualitätsanforderungen einer geltenden Richtlinie sind so zu gestalten, dass bei optimal erreichter Wilddichte und voller Abschöpfung des nutzbaren Zuwachses eine Neufestlegung der Auswahlkriterien erfolgen kann.
- Beim männlichen und auch beim weiblichen Wild sind der Gesundheitszustand, die Wildbretstärke, darüber hinaus bei den Böcken noch die Trophäenqualität zu beurteilen.

Der Schwerpunkt des Wahlabschusses liegt dabei bei den Böcken in der Jugendklasse, vor allem bei den Jährlingen. Hier sollten besonders hohe Qualitätsanforderungen gestellt werden. Bei der Beurteilung des Gehörns geht „Masse vor Form“. Dieses Auswahlkriterium hat beim männlichen Rehwild aller Altersklassen Gültigkeit. In den mittleren Altersklassen der Böcke sind kranke, körperlich geringe und in der Trophäe nicht der Bestandeszielsetzung entwickelte Stücke zu erlegen. Gut entwickelte Böcke sollen bis zum Erreichen des Erntealters geschont und dann als Erntebock gestreckt werden.

Beim weiblichen Rehwild ist die Durchführung des Wahlabschusses schwieriger, weil nur die Körperstärke und der Gesundheitszustand als Kriterium angesetzt werden können. Die Qualität der Kitze wird entscheidend von der Qualität der Ricke beeinflusst. Deshalb kommt der richtigen Auswahl abschussnotwendiger Ricken und Kitze die gleiche Bedeutung zu wie dem Wahlabschuss schlecht veranlagter Böcke.

Beim Ansprechen ist von Vorteil, dass das Rehwild im Allgemeinen standorttreu ist und dementsprechend dem Bewirtschafter bei der Beobachtung Hinweise auf die Kriterien „gut, mittel oder schlecht“ geben kann. Eine aussagefähiger Vergleich der Stücke untereinander lässt sich allerdings nur im Spätherbst und in den Wintermonaten durchführen, wenn sie in mehr oder weniger großen Sprüngen zusammenstehen. Das ist in Waldgebieten seltener der Fall, und die Sprünge sind auch schwieriger zu beobachten. In der übrigen Jahreszeit lebt das Rehwild einzeln oder die Ricken mit ihren Kitzen zusammen. In der Vorblattzeit steht aber auch der Jährling mit dem Schmalreh zusammen.

Wahlabschuss beim männlichen Rehwild

Das männliche Stück ist der *Rehbock*, kurz *Bock* genannt. Es sind weiterhin der *Kitzbock*, *Spießbock*, *Gabelbock* und der *Sechserbock* zu unterscheiden. Selten gibt es den *endenreichen Bock* über den Sechserbock hinaus und den *Mehrstangenbock*.

Nach der Stärke der Trophäe erfolgt eine Gliederung in *geringen Bock*, *besseren Bock*, *guten Bock* und *Kapitalbock*.

Nach Altersklasse wird unterschieden:

- **Jugendklasse** – Bockkitz, Jährling und 2-jährige Böcke,
- **Mittelklasse** – 3- bis 5-jährige Böcke,
- **Reifeklasse** – 6-jährige und ältere Böcke,
- **Überalterte Klasse** – über 10-jährige Böcke.

Der Rehbock setzt sofort nach dem Abwerfen sein *Gehörn* auf. Es wird vereckt, gefegt und von Oktober bis Januar abgeworfen. Das Gehörn sitzt auf *Stirnzapfen*, den *Rosenstöcken*, wobei oberhalb der Rosenstöcke eine Wulst als geschlossener Kranz wächst, die *Rosen*.

An der Stange sind Erhebungen, die *Perlen*, die länglichen Vertiefungen auf der Stange nennt man *Riefen* oder *Furchen*. Bei einem *Sechsergehörn* spricht man von einem *geraden Gehörn*, wenn sechs Enden vorhanden sind, oder von einem *ungeraden Gehörn*, wenn ein Ende an einer Stange fehlt.

Es gibt verschiedene Arten von Gehörnen:

- Normalgehörn,
- Mehrstangengehörn,
- Einstangengehörn,
- Widdergehörn,
- Frostgehörn,
- Perückengehörn,
- Stangenbruchgehörn,
- Rosenstockbruchgehörn.

Bei der Erläuterung des Wahlabschusses beim männlichen Rehwild ist es am zweckmäßigsten mit der jüngsten Altersstufe zu beginnen, denn diese Böcke lassen sich in der Regel leicht einstufen.

Durch die Frühreife des Bockes und vor allem durch die Einzelbrunft kann der einjährige Bock bei falschem Geschlechter- und Altersklassenverhältnis schon zum Beschlag kommen. Es ist deshalb unbedingt notwendig, rechtzeitig eine Auslese vorzunehmen, um Böcke mit einer guten Körper- und Gehörnveranlagung zu fördern.

Der Abschuss aller schlecht veranlagten Böcke ist oberstes Prinzip. Es darf auf keinen Fall eine eventuell bessere Entwicklung abgewartet werden. Man muss von falscher Bewirtschaftung sprechen, wenn bei schwachen und schlechten Jährlingsböcken kein Abschuss erfolgt. Will man intensive und richtige Bewirtschaftung betreiben, gilt der Grundsatz:

„Alles, was nicht dem Bewirtschaftungsziel entspricht, muss erlegt werden."

Folgt man diesem Grundsatz nicht, dann kommen zum Beispiel alle minderwertigen Jährlingsböcke im darauf folgenden Jahr zum Beschlag, denn sie täuschen entsprechend ihrer Veranlagung nach der äußeren Erscheinung und werden nicht als 2-jährige oder ältere Böcke erkannt. Sie entgehen somit dem Abschuss, und die Mühe einen qualitativ guten Bestand aufzubauen, wird vergebens sein.

Das Ansprechen der Böcke kann von jedem Jungjäger schnell erlernt werden, denn in diesem Alter kommen bekanntlich die Unterschiede gegenüber den älteren Böcken im Körperbau, in der Gesichtsfärbung, im Benehmen, im Gehörnaufbau, im Zeitpunkt des Verfärbens sowie des Fegens voll zur Geltung. An diesen jungen Böcken muss im Interesse einer schnellen Verbesserung der Rehwildbestände ein strengerer Maßstab, als es oft noch üblich ist, angelegt werden.

Alle Böcke, die dem Bewirtschaftungsziel des jeweiligen Einstandsgebietes nicht entsprechen, müssen erlegt werden. Bedauerlicherweise können aber auch bei Böcken dieser Altersstufe aus Unkenntnis grobe Fehler gemacht werden. Es wird noch immer vom notwendigen Abschuss der Böcke gesprochen, die im Juni noch im Bast stehen, obwohl sie die erforderliche Mindesthöhe des Gehörns und auch Vereckung zeigen. Das ist aber falsch. Durch das späte Abwerfen des Erstlingsgehörns kann sich besonders bei starken Jährlingen der Zeitpunkt des Fegens gegenüber den mehrjährigen wesentlich verschieben. Böcke, die bis zum Juli noch nicht gefegt haben, sind möglicherweise erkrankt und der Abschuss solcher Böcke ist dann erforderlich.

Es sind also die jungen Altersstufen zu beobachten, und eine richtige Auswahl zur Vererbung zu treffen. Als gute Veranlagung gelten bei den Jährlingen:

- das Zeigen oder Andeuten der Idealform des Sechserbockes,
- lauscherhohe oder fast lauscherhohe Gabeln mit tief angesetzter, kräftiger Vordersprosse,
- überlauscherhohe oder lauscherhohe Spieße, wenn diese zugleich die entsprechende Masse aufweisen.

Mit diesen Merkmalen wird die Grundlage für einen gesunden und wildbretstarken Rehwildbestand in der jungen Altersklasse geschaffen. Von den etwa 2-jährigen Böcken wird auf alle Fälle als Mindestforderung in ihrer Veranlagung ein sehr gut entwickeltes Gabel- oder Sechsergehörn verlangt. In diesem Altersstadium sind im Allgemeinen noch keine starken Stangen zu erwarten. Beide Stangen erscheinen gewöhnlich gleichmäßig stark, wobei die Masse des Gehörns im oberen Drittel zu erkennen ist. Im Gegensatz dazu zeigen die älteren Böcke, dass die Masse in der unteren Hälfte der Stangen liegt. Das kann auch ein Anhaltspunkt für das Alter sein. Der Bock zeigt sein stärkstes Gehörn im vierten bis siebenten Lebensjahr.

Bei gut veranlagten Böcken werden gewertet:

- Stangenstärke,
- Stangenlänge,
- Rosenumfang,
- Vereckung,
- Farbe,
- Auslage,
- Perlung.

Der Wunsch eines jeden Jägers ist es, einen starken, alten Bock zu erlegen, der das Zielalter erreicht hat und auf der Höhe seiner Kraft steht. Das Bewirtschaftungsziel ist nicht, überalterte Böcke im Bestand zu belassen. Deshalb kommt es darauf an, zu erkennen, wann ein Bock seine beste Trophäe trägt. Nun sind Eigenschaften wie „gut“ und „schlecht“ relative Begriffe. Was in einem Gebiet als Bewirtschaftungsziel angesehen wird, kann in einem anderen, in dem z. B. seit langer Zeit zielstrebiger gewirtschaftet wird, noch unter Durchschnitt liegen.

Man sieht manchmal erlegte Böcke, deren Trophäen Abnormitäten darstellen. Eine solche Trophäe ist etwas Außergewöhnliches und rechtfertigt, von der weiteren biologischen Entwicklung her, nicht in jedem Fall einen Abschuss. Bekanntlich entstehen infolge verschiedener Ursachen Missbildungen, die nicht erblich bedingt sind und sich deshalb auch am Folgegehörn nicht wieder zeigen. Dennoch gibt es gegen einen solchen Abschuss keinen Einwand, weil abnorme Gehörne nun einmal besondere Trophäen sind.

Missbildungen am Gehörn entstehen durch:

- Verletzungen oder Wachstumsstörungen einer Stange, des Rosenstockes oder des Schädels;
- Verletzung oder Verkümmerung und Missbildung der Geschlechtsorgane;
- schwere Verletzungen des Wildkörpers selbst;
- Krankheiten, strenge Winter, Parasitenbefall, Äsungsmangel u. a.

Es ist also genau abzuwägen, welche Ursache für ein Missbildung in Frage kommt. In diesem Zusammenhang ist auch auf geringe Formfehler zu achten. Oft sieht man, dass junge Böcke, die schon eine überdurchschnittliche Gehörnentwicklung aufweisen, abgeschossen werden, weil das Gehörn gerade rein zufällig oder bedingt durch Verletzung eine einseitige Stangenkrümmung entwickelt bzw. beide Stangen vertikal nicht in einer Ebene stehen. Bei letzterem Bild spricht man von einem „marschierenden Gehörn".

Ein gut veranlagter Spießbock mit geringen Formfehlern ist für den Bestand besser als Böcke, die in den darauf folgenden Jahren nicht über das Mittelmaß hinauskommen. Es sind Böcke, die sich infolge genügender Stangenlänge und Vereckung, aber fehlender Stangenstärke von Jahr zu Jahr durchmogeln, da sie aus Unkenntnis der Jäger scheinbar eine Steigerung der Trophäenentwicklung versprechen. Sie bleiben jedoch „ewig mittelmäßig".

Unter diesen Umständen kann ein junger Bock ein gut entwickeltes Gehörn tragen, das dem eines ewig mittelmäßigen, aber älteren Bockes mit einem schlecht entwickelten Gehörn ähnlich ist. Dieses Beispiel gibt Anlass, auch auf das richtige Ansprechen nach Benehmen, Färbung, Körperbau und anderen Merkmalen hinzuweisen.

Für die Praxis sind folgende Fragestellungen zu beantworten:

– „Wie alt ist der Bock?"
  und
– „Welche Körpermasse hat er?"

Erst dann steht die Frage:

– „Was zeigt er im Gehörnaufbau?"

Wahlabschuss beim weiblichen Rehwild

Das weibliche Stück nennt man *Ricke*, die dazugehörigen Jungen sind *Bock-* oder *Rickenkitz*. Ist das Rickenkitz ein Jahr alt, wird es als *Schmalreh* bezeichnet. Darüber hinaus werden die Ricken nach Alter eingeteilt in *junge Ricke*, *mittelalte Ricke*, *alte Ricke* und *überalterte Ricke*.

Ricken, die wegen eines zu hohen Alters oder aus anderen Gründen keine Kitze mehr setzen, nennt man *Geltricken*.
Altersklassen:

- **Jugendklasse** – Rickenkitze und Schmalrehe,
- **Mittelklasse** – 2- bis 3-jährige Ricken,
- **Reifeklasse** – 4- bis 6-jährige Ricken,
- **Überalterte Klasse** – 7-jährige und ältere Ricken.

Wesentlich schwieriger als beim männlichen Rehwild ist der Wahlabschuss beim weiblichen Wild. Besteht beim männlichen Wild die Möglichkeit des Ansprechens nach dem Benehmen, dem Körperbau und nach der Trophäe, so kann man beim weiblichen Wild überwiegend nur von der Körperstärke ausgehen. Das richtige Ansprechen des weiblichen Wildes bereitet deshalb auch dem geübten Jäger oft Schwierigkeiten.

Ebenso wichtig wie beim männlichen Rehwild ist die Einschätzung der Qualität der Zuwachsträger, denn die Nachkommen werden vom Muttertier ganz entscheidend beeinflusst. Bei der Auswahl ist von Vorteil, dass das Rehwild standorttreu ist und dadurch dem Jäger bei der Auswertung der Abschussergebnisse Hinweise auf gute oder schlechte Muttertiere geben kann.

Vergleiche unter den Stücken, z. B. mit dem stärksten Stück, lassen sich nur optisch durchführen, denn gewöhnlich lebt das Rehwild einzeln oder im kleinen Familienverband. Der Abschuss von Kitzen und Ricken sollte im Allgemeinen bei der Ansitzjagd oder der Pirsch durchgeführt werden, um in aller Ruhe die richtige Wahl zu treffen, z. B. das Schmalreh von der Ricke zu unterscheiden.

Bei den Ricken ist stets auch das schwächste Stück zu erlegen. Ist der Abschuss führender Altrehe im Herbst notwendig, so sind zuvor die Kitze zu strecken. Keinesfalls dürfen gesunde führende Altrehe vor den Kitzen erlegt werden. Da bekanntlich die Kitze bis zum Dezember gesäugt werden, würden diese ohne Muttertier geschwächt in den Winter gehen. Sie fallen dann bei entsprechend strenger Witterung oder überstehen den Winter als Kümmerer, die nun wiederum kümmernde oder schwache Nachkommen zur Welt bringen.

Der Abschuss der Kitze hat daher grundsätzlich vor dem der Ricke zu erfolgen. Geringe und vor allem zu spät gesetzte Kitze sind samt der Ricke zu erlegen. Spät gesetzte Kitze kommen im schlechten Körperzustand über den Winter und kümmern. Ricken, die ständig drei Kitze setzen, sind zu beobachten. Grundsätzlich ist die Ricke mit ihren drei Kitzen zu erlegen, da diese meistens schwächer sind als ein oder zwei gesetzte Kitze. Bei Zwillingskitzen ist das Rickenkitz im Allgemeinen schwächer als das Bockkitz, es kann unter Umständen aber auch umgekehrt sein. Ohne Rücksicht auf das Geschlecht muss auch in diesem Fall das geringe Kitz erlegt werden.

Der qualitätsgerechte Wahlabschuss beim weiblichen Rehwild sollte bis Mitte Dezember durchgeführt sein!

Schädigung des Rehwildbestandes durch Witterungseinflüsse

Nicht nur die Veranlagung und die Äsungsverhältnisse wirken auf die Entwicklung des Köpers und des Gehörns, sondern auch der Einfluss der Witterung. Für das Rehwild sind strenge und lange Winter eine regelmäßig drohende Gefahr. Dabei ist nicht allein die Schneelage entscheidend, sondern insbesondere starker Frost ohne Schnee. Sehr große Verluste treten bei hoher Schneelage und lang andauernden starken Frösten ein, da der Äsungsmangel in diesem Fall besonders hoch ist. Beim Entstehen einer Eiskruste, sogenanntem Harsch, besteht die Gefahr, dass gute Rehwildbestände in einem Winter fast zugrunde gehen.

Die Auswirkungen solcher Winterschäden zeigen sich im späten Verfärben, an geringen Trophäen und in kränkelnden Stücken. Das davon betroffene Wild wird durch Parasiten und andere Krankheitserreger stärker befallen. Im Gegensatz dazu ist eine lange Sonnenscheindauer im Winter, verbunden mit entsprechend milder Witterung, für das Rehwild sehr entwicklungsfördernd. Nach solch einem Winter schieben die Böcke meist sehr starke Trophäen. Selbst die ewig Mittelmäßigen blenden mit einem stärkeren Gehörn.

Körperlich schwaches und geringes Wild hat unter einem harten Winter mehr zu leiden als gesundes. So fallen diesen Unbilden junge und überalterte Stücke leichter zum Opfer als widerstandsfähige mittelalte Stücke.

Abschusskriterien und Güteklassen

Eine wesentliche Aufgabe ist die Durchführung von Hegemaßnahmen, die auf neuesten Erkenntnissen zur Bewirtschaftung mitteleuropäischer Schalenwildarten insgesamt beruhen. Bestandteil einer nachhaltigen Wildbewirtschaftung ist deshalb auch beim Rehwild ein Wahlabschuss, der die so oft planlos durchgeführten Eingriffe bei dieser Wildart beendet. Um regional wildbretstarkes Wild zu erreichen, ist auf den Erhalt von gesunden und körperlich starken Rehwildbeständen das größtmöglichste Augenmerk zu richten. Der Begriff „Wahlabschuss" muss mit den Grundkriterien in seiner Bedeutung dem Jäger bekannt sein, denn er gilt als Handlungsorientierung.

Orientierungseinteilungen sind die „Abschusskriterien" und die „Güteklasseeinteilungen", die sich schon seit langem in einfachen und allgemein verständlichen Festlegungen (Wagenknecht, 1968/2000) in der Praxis bewährt haben und von den Jägern angewendet werden. Dort wo sie zielgerichtet Anwendung fanden, brachten sie gute Ergebnisse bei der Durchsetzung von Bewirtschaftungsmaßnahmen. Das gilt nicht nur für das Rehwild, sondern auch für alle anderen Schalenwildarten. Festgelegte Kriterien müssen immer grundsätzlichen Faktoren angepasst sein. Sie vermitteln eine klassifizierte Aufschlüsselung und ermöglichen damit eine leichtere Entscheidung beim Wahlabschuss. Das Verständnis der allgemeinen Grundsätze für den Wahlabschuss, der Abschusskriterien und der Güteklasseneinteilung, hat ein großes erzieherisches Moment. Jäger müssen alle Kriterien vor Abgabe des Schusses kennen und beherrschen.

Es gibt zurzeit Meinungen, die die Güteklasseeinteilungen für nicht mehr bewirtschaftungsgerecht halten und auf einen reinen Altersklassenabschuss orientieren. Güteklassen sind aber ein Teil von Abschusskriterien, die zu einer sinnvollen Bewirtschaftung der Rehwildbestände gehören. Dazu schreibt Wagenknecht (Bewirtschaftung von Schalenwild, 6. Auflage 1994):

„Und wenn der biologisch richtige Altersklassenaufbau durch einen Wahlabschuss nach Güteklassen gestört wird, dann liegt das entweder an falsch definierten Güteklassen oder an ihrer falschen Anwendung. Dagegen ist es gerade mit Hilfe der Güteklassen möglich, den unbedingt einzuhaltenden Abschuss nach Altersklassen zu erzwingen."

Güteklasseneinteilung

Klasse I – jagdbare, reife Böcke.

Reife Böcke mit einer Mindestgehörnmasse von 180 bis 260 g und einem Mindestalter von 5 Jahren. Die geforderte Mindestgehörnmasse sollte dem Biotop entsprechend festgelegt werden. Dabei ist die durchschnittliche Gehörnmasse aller reifen Böcke zu ermitteln. Die Werte der vergangenen fünf Jahre sind hierfür als Grundlage zu betrachten und der Durchschnittswert als Mindestgehörnmasse der Klasse I festzulegen.

Klasse IIa – Zukunftsböcke oder fehlerfreie, nicht jagdbare Böcke.

Böcke, die in der Gehörnentwicklung die Normalleistung ihrer Altersklasse überschreiten. Darunter sind alle gut veranlagten Böcke vom Jährling bis zum Erreichen des Zielalters zu verstehen. Sie sind zu schonen.

Klasse IIb – geringe, abschussnotwendige Böcke.

2- bis 4-jährige Böcke mit unterdurchschnittlicher Gehörnentwicklung sowie reife Böcke (ab 5-jährig), deren Trophäenstärke die Mindestgehörnmasse für Erntetrophäen (Klasse I) nicht erreicht. Diese Böcke entsprechen nicht der Normalleistung ihrer Altersklasse und sind im Interesse der Qualitätsverbesserung des Gesamtbestandes zu erlegen.

Klasse IIc – schwache, abschussnotwendige Spießböcke.

Geringe Abschussböcke der Jährlingsklasse. In der Gehörnentwicklung erreichen die Böcke nicht die für den Jährling festgelegte Norm in Stangenlänge, Gehörnstufe und Masse. Sie sind abschussnotwendig.

Ansprechen des männlichen Rehwildes

Gehörnformen

Die Gehörnformen sind außerordentlich vielgestaltig. Stets sind in jedem Gehörn eines Bockes nachgenannte Grundformen erkennbar:

Korbform. Die Stangenenden zeigen mit den Spitzen gerade nach oben, während die Stangen selbst, vom Rosenstock ausgehend, leicht geschwungen sind.

1 >>

Gerade, enggestellte Form. Die Stangen stehen mehr oder weniger eng parallel zueinander oder sind auch schwach nach außen geneigt.

2 >>

Herzform. Die Stangen sind nach innen geschwungen, die Enden neigen zum Zusammengehen.

3 >>

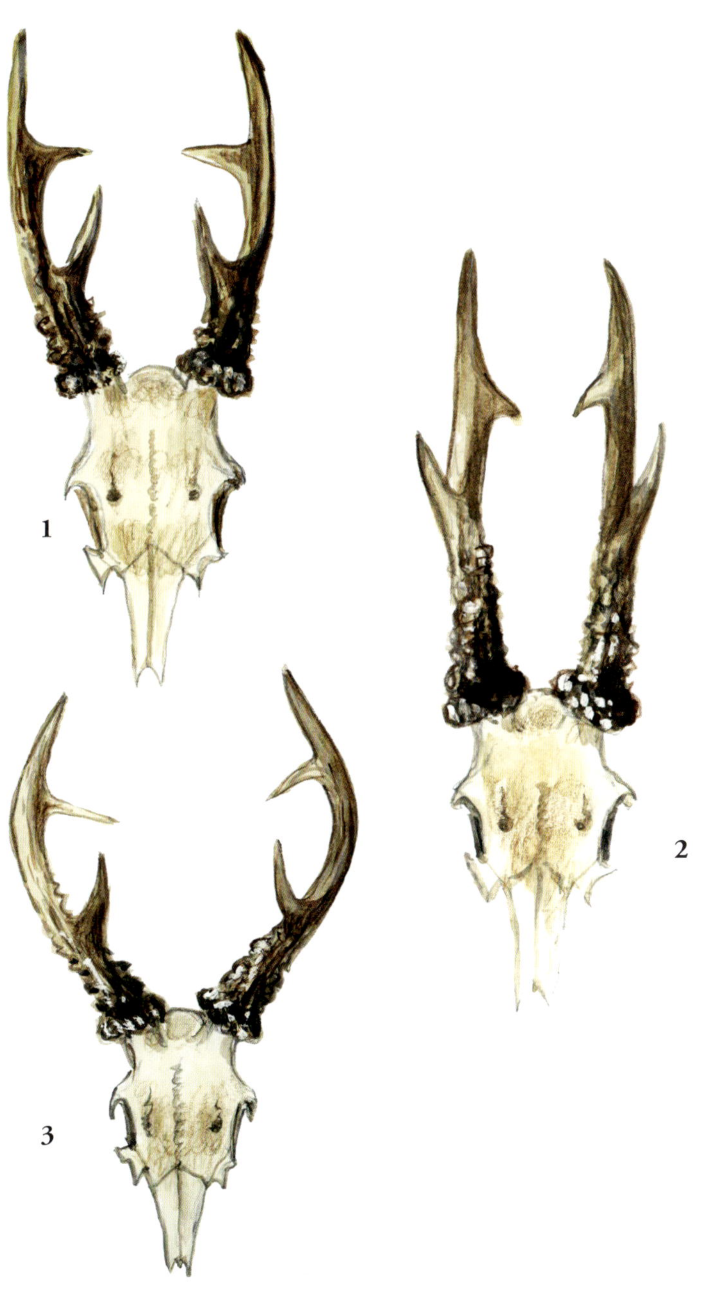

1
2
3

V-Form. Die Stangen sind gerade und steil nach außen ausgelegt.

4 >>

Geschnürte Form. Die Stangen sind oberhalb der Rosen nach innen geschnürt und neigen sich dann nach außen.

5 >>

Lyra- oder hochgeschnürte Form. Die Stangen haben im unteren Teil eine enge Stellung, im oberen Drittel zeigen sie nach außen.

6 >>

Diese unterschiedlichen Grundformen des Gehörns sind, sofern sie nicht infolge mechanischer Einwirkung durch Stoß oder Schlag entstanden sind, erblich. Manche dieser Formen sind daher nur in bestimmten Teilen eines Jagdgebietes anzutreffen. Oft ist eine Grundform sogar typisch für ein Einstandsgebiet. Diese Grundformen zeigen nun wieder gut veranlagte, mittelmäßig veranlagte und schlecht veranlagte Böcke.

Anhand der geraden, leicht ausgelegten Form sind die Entwicklungsreihen eines schlecht veranlagten, eines mittelmäßigen und eines gut veranlagten Bockes vom Jährling bis zum alten Bock zu erkennen. Es liegt nun am Jäger, diese Altersstufen mit Hilfe der geschilderten Methoden zur Altersschätzung möglichst richtig anzusprechen und sich über die Abschussnotwendigkeit klar zu werden.

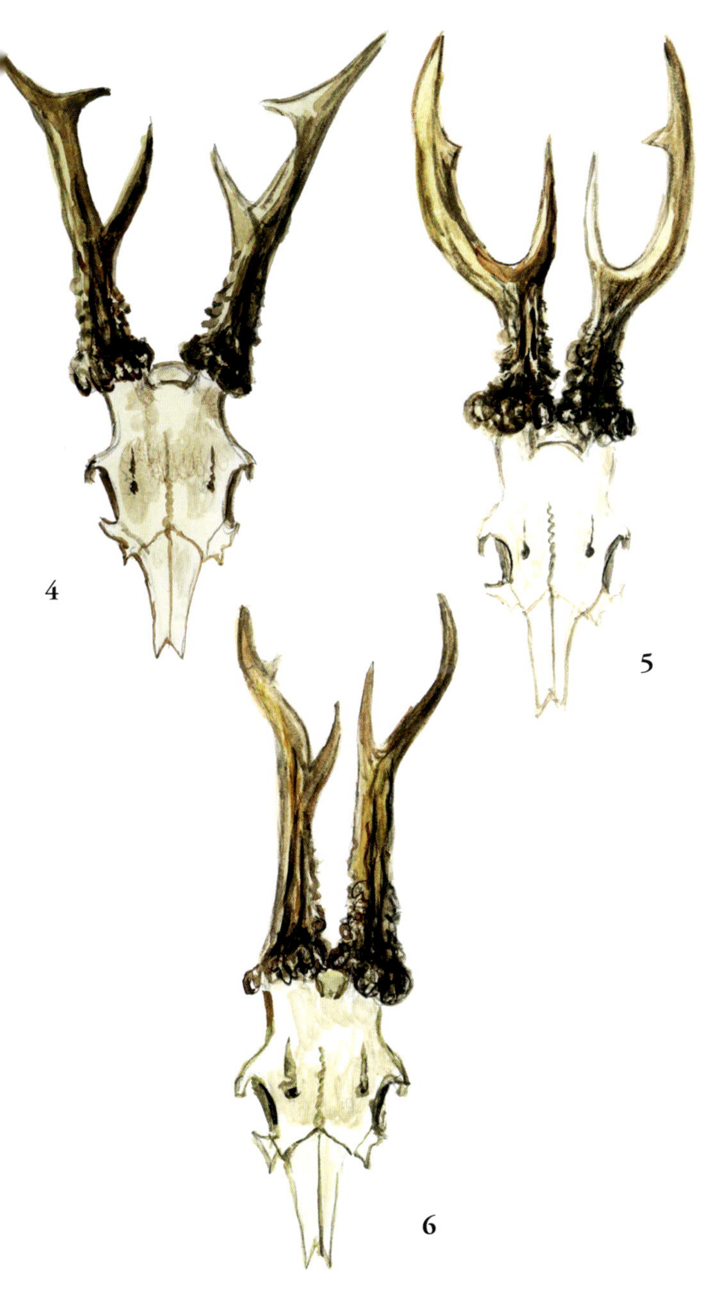
4
5
6

Rosenformen

Rosen sind in ihrer Form sehr vielgestaltig. Es werden vier Grundformen unterschieden:

Schnur- oder Bandrose.

7 >>

Dachrose.

8 >>

Kranzrose.

9 >>

Muschelrose.

10 >>

Diese Grundformen von Rosen können bei jeder Stangenstellung auftreten. Häufig ist zu beobachten, dass in Einstandsgebieten auch nur jeweils eine bestimmte Rosenform auftritt.

Edel sind die reich geperlten und gut geformten Kranz- und Muschelrosen. Diese Rosenformen findet man auch oft bei starken Böcken. Die Dachrose muss nicht immer ein Zeichen des hohen Alters sein. Es kann sich, entsprechend der Veranlagung, auch schon im jugendlichen Alter diese wenig erwünschte Rosenform ausbilden.

Die Rosenform ist kein Abschussgrund!

7
8
9
10

Entwicklungsreihen

Entwicklungsreihe eines gut veranlagten Bockes

Jährling. Guter Spießer mit kräftigen, etwas überlauscherlangen Stangen. Gut in der Masse, Perlung und Rosenbildung. Linke Stange bereits Gabelende angedeutet. – Schonen.

11 >>

Zweijähriger Bock. Bereits zum Sechser vereckt, gut in der Masse. Kennzeichen ist die gut ausgebildete Vordersprosse. – Schonen.

12 >>

Gut veranlagter Sechserbock. Alter 3 bis 4 Jahre. Bock prahlt mit langen Enden und hohen Stangen. Es fehlt aber noch die Stangenstärke. – Schonen.

13 >>

Starker Sechser. Zielalter erreicht, etwa 5 bis 6 Jahre alt. Kennzeichen sind außer der guten Stangenlänge die gute Perlung und hervorragende Masse, die im unteren Teil der Stangen liegt. – Kann erlegt werden.

14 >>

Stark zurückgesetzter Sechser. Kurze und knuffige Stangen, Vereckung nur noch angedeutet. Alter etwa 8 bis 10 Jahre. – Muss erlegt werden.

15 >>

Merke: Böcke der gut veranlagten Entwicklungsreihe sind bis zum festgelegten Zielalter zu schonen. Sie sollten bei Erreichen des Optimums in Trophäe und Wildbretmasse erlegt werden. Sie setzen zurück.

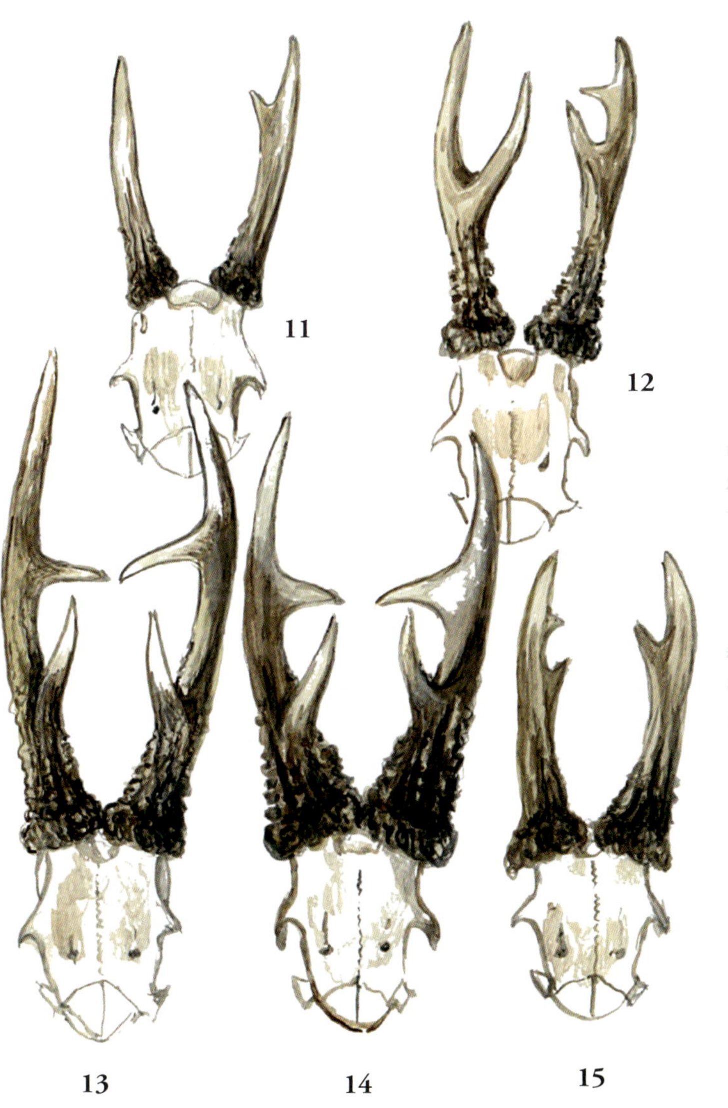
11
12
13
14
15

Entwicklungsreihe eines schlecht veranlagten Bockes

Jährling, Knopfspießer. – Abschussnotwendig.

16 >>

2-jähriger Bock, geringer Spießer. Überlauscherhohe, helle, ungeperlte, dünne Stangen, geringe Rosen. – Abschussnotwendig.

17 >>

Schwach angedeuteter Sechser. Masse hat nur gering zugenommen. Perlung und Rosen nach wie vor gering. – Abschussnotwendig.

18 >>

5- bis 6-jähriger Bock. Stangenlänge knapp überlauscherhoch, in der Masse etwas stärker, dafür aber nur zum Gabler vereckt. – Abschussnotwendig.

19 >>

Überalterter Bock. Stark zurückgesetzt. Rosenstöcke kurz, nach oben im Durchmesser abfallend. Stangen unterlauscherhoch. – Abschussnotwendig.

20 >>

Merke: Bei dieser konstruierten Entwicklungsreihe ist deutlich zu sehen, dass aus einem schlecht veranlagten Bock auch bei guter Äsung niemals ein besserer Trophäenträger werden kann. Auch in Jagdgebieten mit guten Äsungsbedingungen werden schlecht veranlagte Böcke angetroffen. Durch genaue Schätzung des vorhandenen Rehwildbestandes und die daraus resultierenden Werte für das Geschlechterverhältnis, tatsächliche Wilddichte, Zuwachs und notwendigen Abschuss ist besonders in diese Klasse der „Schlecht veranlagten Böcke“ scharf einzugreifen. Diese Böcke haben oft auch eine geringe Körperstärke

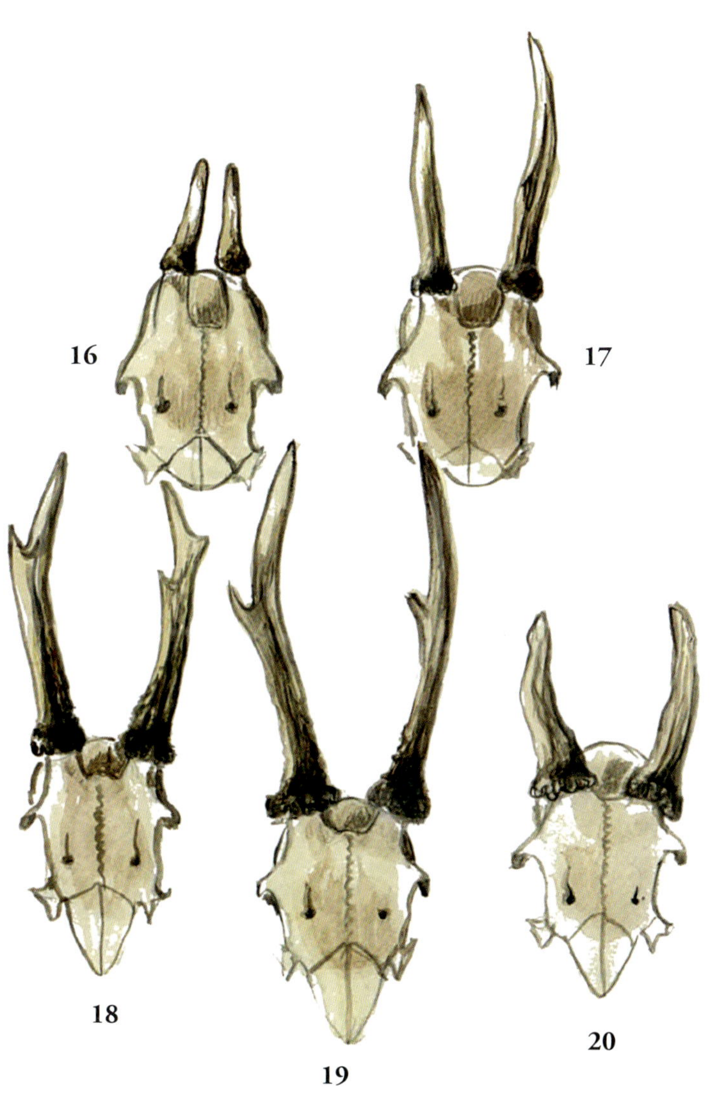
16
17
18
19
20

Altersmerkmale des männlichen Rehwildes

Merkmal	Jährling	Zweijähriger Bock	Junger Bock 3- bis 4-jährig
Kopf	schmal, zierlich, kurz und rundlich wirkend	kräftiger und länger als beim Jährling, wirkt nicht so gedrungen	oval, harmonisch zum Körper
Hals	dünn und lang, wird aufrecht getragen	stärker, dennoch schmal, wird aufrecht getragen	noch kräftiger, wird nicht mehr vollkommen aufrecht getragen
Figur	Körperbau noch schwach, Rumpf gedrungen, dadurch wirken Läufe lang	deutlich stärker, aber ausgesprochen schlank, dadurch noch hochläufig wirkend	noch stärker und gedrungener, bereits männlich
Verhalten	kindlich, neugierig und verspielt, häufiges Verhoffen bei der Flucht	sorglos und unvorsichtig, meidet meist den starken Bock, oft spielerische Kämpfe mit Gleichaltrigen	vorsichtiger und empfindlicher gegen Störungen, Respekt vor älteren Böcken
Zeitpunkt des Verfärbens	im Mai als Erster, September/Oktober Winterhaar	Ende Mai Sommerhaar, Anfang Oktober Winterhaar	Ende Mai bis Anfang Juni Sommerhaar, Anfang Oktober Winterhaar
Zeitpunkt des Fegens	schlecht Veranlagte Mai/Juni, gut Veranlagte bis Juli	Mai	April/Mai
Zeitpunkt des Abwerfens	Januar/Februar (z. T. bis März)	Dezember	November/ Dezember

Mittelalter Bock 5- bis 7-jährig	Alter Bock 8- bis 9-jährig	Überalterter Bock über 10 Jahre
breiter und bereits kantiger, kurz wirkend	deutlich breit und kantig, dadurch sehr kurz wirkend	ausgesprochen knochig und kantig, greisenhafter Ausdruck
stärker und kurz wirkend, wird leicht über Höhe der Rückenlinie getragen	stark und kurz wirkend, wird beim Ziehen in Höhe Rückenlinie getragen	wieder schmaler, wird tiefer, d. h. unter Höhe Rückenlinie getragen
stark, deutlicher Vorschlag, wirkt dadurch massiger	quadratischer Wildkörper, starker Vorschlag, sehr kräftige und dadurch kurz wirkende Läufe	wieder geringer, Flanken und Rippen eingefallen, Becken hebt sich ab, steil abfallende Rückenlinie zum Spiegel
Einzelgänger, heimlich, angriffslustig, äußerst misstrauisch, erkennt Gefahren sofort und springt ab, plätzt viel	Einzelgänger, sehr heimlich, unverträglich mit anderen Böcken, sehr misstrauisch, springt sofort ab und schreckt nur 1- bis 2-mal	Einzelgänger, sehr heimlich, sichert sehr lange am Dickungsrand, tritt erst bei Dämmerung aus, verdrückt sich sehr vorsichtig
Juni Sommerhaar, Oktober Winterhaar	Juni Sommerhaar, Oktober Winterhaar	Juni Sommerhaar, Oktober/November Winterhaar
April/Mai	April	März/April
Oktober/November	Oktober	Oktober

Ansprechen nach Hauptform, Gesichtsfärbung und Gesichtsausdruck

Die Altersschätzung nach diesen Merkmalen ist sehr umstritten, d. h. diese Merkmale können im einen Fall für ein bestimmtes Alter zutreffen, im anderen Fall fehlen sie teilweise oder völlig – oder sie täuschen ein Alter vor, das nicht der Realität entspricht. Hinzu kommt, dass die nachstehend beschriebenen Zeichen – wenn überhaupt – nur am vollkommen verfärbten Stück, also im Sommerhaar, erkennbar sind. Da beim Rehwild Stücke mit tief rotbrauner, fahlgelber und sogar schwarzer Decke auftreten, ist auch die Gesichtsfarbe entsprechend der Körperfärbung mehr oder weniger deutlich ausgeprägt. So können Böcke mit relativ dunkler Gesichtsmaske bereits alte Böcke sein und junge Böcke dagegen mit grauem Haupt ein hohes Alter vortäuschen. Daher ist dieses Vorgehen zur Altersbestimmung nur als grobe Altersschätzung und ausschließlich im Komplex aller anderen, besser ansprechbaren Altersmerkmale heranzuziehen, wobei man sich generell darüber klar sein muss, dass unterschiedlicher Blickwinkel und/oder Lichteinfall bei demselben Stück durchaus zu völlig konträren Urteilen führen können. Man unterscheidet:

- Jährling,
- zweijährigen Bock,
- jungen Bock,
- mittelalten Bock,
- alten Bock,
- überalterten Bock.

Beim Ansprechen des „roten Bockes“ konzentriert man sich auf folgende Gesichtspartien:

- Windfangfleck, ein typischer, gut abgezeichneter, kurzer dreieckiger, weißer Fleck oberhalb des schwarzen Windfangs, der auch als Muffelfleck bezeichnet wird.
- Stirnfleck, eine Partie zwischen einer gedachten Verbindungslinie zwischen Lichtern und Gehörn.

Bockkitz. Graubraunes Haupt. Deutlich tritt der hellere Kehlfleck hervor. Die Stirnzapfen des Erstlingsgehörns sind gut zu erkennen; diese erscheinen im November/Dezember.

21 >>

Jährling. Gesicht auffallend einfarbig, dunkel. Zum Teil hebt sich der Stirnfleck noch dunkler ab. Beim Vergleich mit einem weiblichen Stück, beispielsweise mit einem Schmalreh, ist das Gesicht des Bockes etwas lebhafter (bunter) gefärbt.

22 >>

Zweijähriger Bock. Er ist auf Grund des deutlich erkennbaren halbmondförmigen weißen Windfangflecks, der scharf abgesetzt ist, und des dunklen Stirnfleckens sehr leicht anzusprechen.

23 >>

Junger Bock (etwa 3- bis 4-jährig). Der Windfangfleck ist nicht mehr reinweiß, sondern erscheint grau. Er zieht sich in der Länge nach oben und erreicht oft die Verbindungslinie zwischen den Lichtern.

24 >>

Mittelalter Bock (5- bis 6-jährig). Der Windfangfleck ist schmutziggrau, beginnt in den Stirnfleck überzugehen und die Lichter blassgrau zu umfließen, so das eine „Brillenzeichnung“ entsteht. Der Stirnfleck ist ebenfalls matter geworden. Er ist teilweise zwischen den Rosenstöcken nur noch als dunkle Stirnlocke zu sehen.

25 >>

Alter Bock (über 7 Jahre alt). Die Grenzen zwischen dem Stirn- und Windfangfleck sind vollkommen verwischt. Der Stirnfleck hat seine Farbe verloren. Das ganze Haupt erscheint einfarbig hell bis hellgrau.

26 >>

Ansprechen nach Figur, Benehmen, Verfärben und Gehörn

Jugendklasse – Jährling

Kopf: Schmal und zierlich, rundlich wirkend; hat noch den kindlichen Ausdruck des Kitzbockes.
Hals: Dünn und lang; wird aufrecht getragen.
Figur: Im Körperbau noch zierlich; wegen des kurzen, gedrungenen Körpers wirken die Läufe lang und schlank.
Benehmen: Spielerisch, kindlich neugierig; erscheint abends als Erster zur Äsung und wechselt morgens als Letzter zum Einstand. Beteiligt sich nur bei ungünstigem Geschlechterverhältnis an der Brunft.
Verfärben: Im Mai zum Sommerhaar, ist als Erster rot; im September/Oktober zum Winterhaar.
Gehörnentwicklung: Schlecht veranlagte Böcke haben Anfang Juni bereits gefegt, tragen blanke Spieße oder Knöpfe, die auch schon zum Teil gefegt sind. Gut veranlagte Böcke tragen teilweise noch Mitte Juni das Bastgehörn und fegen erst Ende Juni. Abwerfen im Januar/Februar.

Jährling – Klasse IIa – schonen

Für den IIa-Jährling gelten im Allgemeinen die gleichen Merkmale. Er ist aber im Körperbau stärker, verfärbt auch schneller im Mai. Die straffe, rotbraun glänzende Decke zeugt von einem guten Gesundheitszustand. Mindestforderung in der Gehörnbildung sind lauscherhohe Spieße. In besseren Biotopen ist der Gabler mit langen Vordersprossen bzw. die Sechserstufe schon eine Mindestanforderung.

Gut veranlagter Jährling mit überlauscherhohem Gablergehörn. – Klasse IIa

27 >>

Schlecht veranlagter Jährling mit unterlauscherhohem Spießgehörn. – Klasse IIc

28 >>

Jugendklasse

Gehörne gut veranlagter Jährlinge

Jährlinge – Klasse IIa – schonen

Spießer mit gut lauscherhohen, kräftigen Spießen und bereits vorhandener Perlung. Gehörn stellt die Mindestforderung in Einstandsgebieten mit geringen bis mittleren Äsungsverhältnissen dar.

29 >>

Gabler, lauscherhoch mit guter Masse, Vorderspross kräftig ausgebildet und hoch angesetzt. Erreicht das Gehörn nicht die Höhe der Lauscher, so wird auch dieser Gabler bei entsprechend guter Masse als gut veranlagter Jährling toleriert.

30 >>

Bock mit Jährlingsgehörn, bereits zum Sechser vereckt, Stangenlänge im Durchschnitt 18,5 cm. Hervorragende Veranlagung. Gehörn zum Teil noch im Bast; fegt erst Ende Juni. Also keine krankhafte Erscheinung, sondern beste Veranlagung!

31 >>

Sechser mit sehr guter Masse und guter Perlung. Die etwas enge Stellung des Gehörns ist kein Abschussgrund, sondern es gilt der Grundsatz: „Masse geht vor Form!"

32 >>

Merke: Die Mindestforderung an den Jährling richtet sich stets nach der Bonität des Einstandgebietes und der genetischen Anlagen des regionalen Bestandes. Zur Hebung der Qualität hinsichtlich Körpermasse und Trophäenstärke ist bei Jährlingen strengster Maßstab anzulegen. „Masse geht vor Form!" Nur die besten Jährlinge sollen in die höheren Altersklassen einwachsen. Jeder Jährling, der nicht die festgelegten Mindestanforderungen an Stangenlänge und Gehörnmasse erreicht, ist zu erlegen.

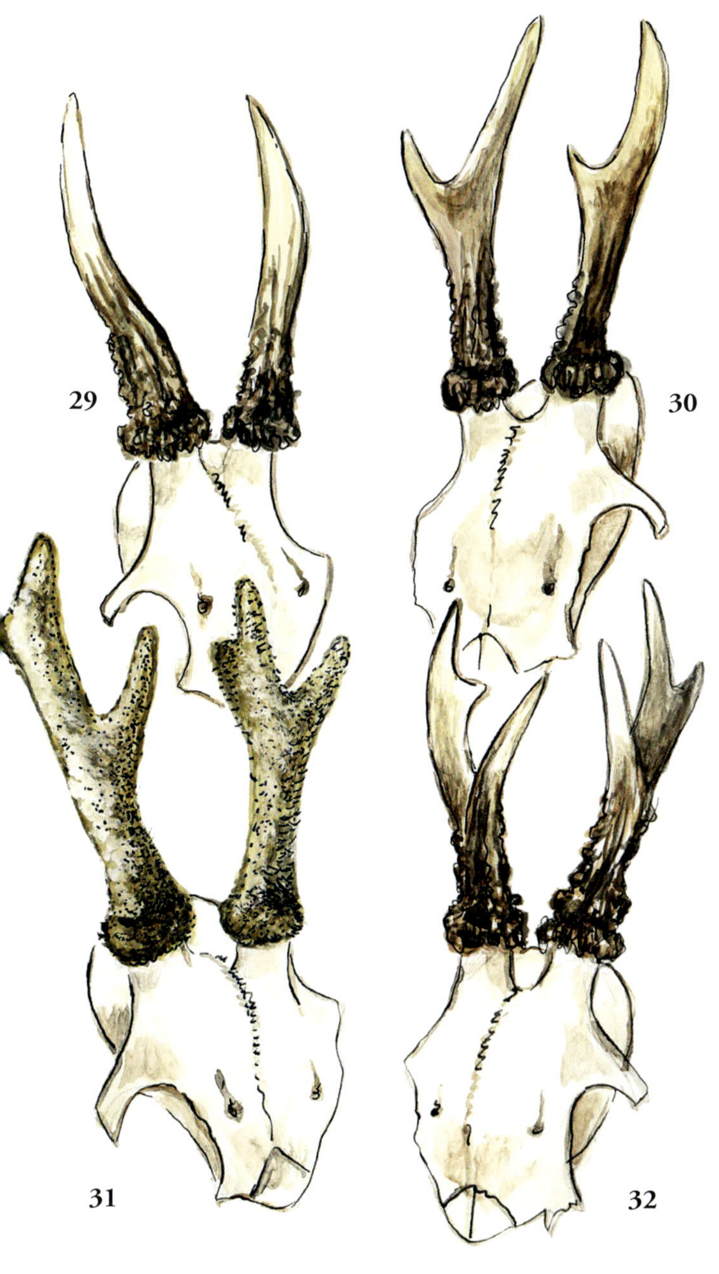
29
30
31
32

Jugendklasse

Gehörne schlecht veranlagter Jährlinge

Jährlinge – Klasse IIc – abschussnotwendig

Rosenstöcke nur dünn, bleistiftstark ausgebildet, Spieße dünn und unterlauscherhoch.

33 >>

Durch Verletzung des Keimsaumes wurde rechts nur ein Knöpfchen geschoben. Der Bock bleibt dauernd einstangig. Bei normaler Entwicklung wäre die zu enge Stellung ein Abschussgrund.

34 >>

Infolge einseitiger Rosenstockschwäche wurde links nur ein kurzes, dünnes Spießchen ausgebildet.

35 >>

Durch krankhafte Veränderung der inneren Organe kam es zu diesen muschelartigen Gebilden.

36 >>

Typischer Knopfspießer.

37 >>

Ungleich lange Stangen, noch im Bast; bereits zu Anfang der Bockjagd gestreckt.

38 >>

Merke: Grundsätzlich ist jeder Jährling, der nicht der Mindestforderung „lauscherhohe Spieße mit guter Masse" entspricht, zu strecken. In Einstandsgebieten mit guten und sehr guten Äsungsverhältnissen und bei entsprechend geringer Wilddichte sind z. B. die Forderungen an einen Jährling höher zu stellen, so dass dort schon ein lauscherhoher Spießer zur Klasse IIc gerechnet wird.

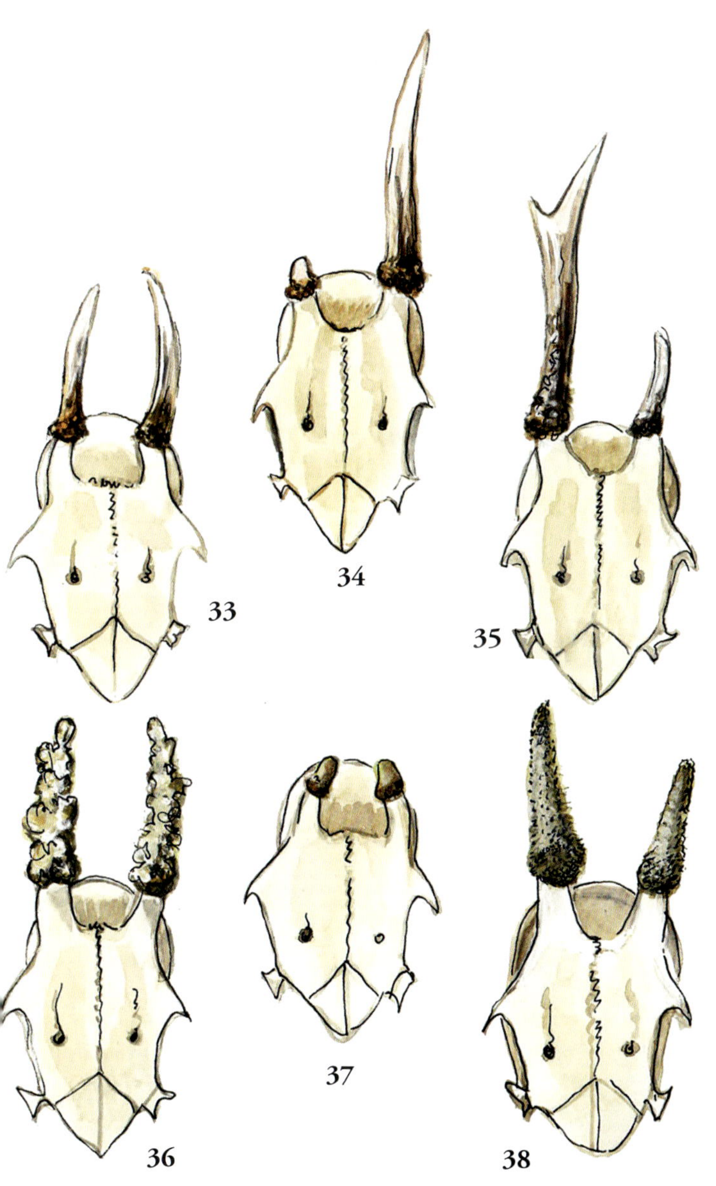
33
34
35
36
37
38

Jugendklasse – Zweijähriger Bock

Kopf: Etwas kräftiger als beim Jährling und nicht so gedrungen, sondern etwas länger.
Hals: Etwas stärker, aber noch schmal, Haupt wird aufrecht getragen.
Figur: Körper etwas kräftiger, aber noch jugendlich.
Benehmen: Sorglos, tritt ebenfalls zeitig zur Äsung aus; beteiligt sich schon an der Brunft, meidet aber den Einstand des starken Bockes.
Verfärben: Ende Mai zum Sommerhaar, Anfang Oktober zum Winterhaar.
Gehörnentwicklung: Ende April/Anfang Mai abgeschlossen, fegt bis Ende Mai; Abwerfen erfolgt im Dezember.
Gehörn: Spießer mit überlauscherhohen, blankgefegten, nadelspitzen Spießen.

Gehörn eines schlecht veranlagten 2-jährigen Bockes, nur etwa lauscherhohe Spieße, die keine überdurchschnittliche Entwicklung erwarten lassen. – Klasse IIb.

39 >>

Im Wildbret kräftiger 2-jähriger Bock, er zeigt eine männlichere Figur, Vorschlag schon gering ausgebildet. Mindestforderung in der Gehörnbildung ist die Gablerstufe. In besseren Biotopen erreicht er die Sechserstufe. – Klasse IIa.

40 >>

Jugendklasse

Gehörne gut veranlagter 2-jähriger Böcke – Klasse IIa

Hervorragend veranlagter 2-jähriger Bock mit guter Masse, die im oberen Teil der Stangen liegt. Die gute Vereckung und Form (Herzform) lassen beim reifen Bock eine starke Trophäe erwarten. Stangenlänge im Durchschnitt 21 cm.

41 >>

Gabler mit guter Masse und Perlung, Mindestforderung für den 2-jährigen Bock. Das Gehörn muss dabei überlauscherhoch sein, mindestens aber eine Länge von 16 bis 18 cm erreichen.

42 >>

Merke: Mindestforderung für den 2-jährigen Bock ist der Gabler mit hoch angesetzter, kräftiger Vordersprosse und guter Masse. In Revieren besserer Bonität wird beim 2-jährigen Bock schon die Sechserstufe verlangt. Gehörnträger, die diese Mindestforderung nicht erreichen, sind grundsätzlich zu erlegen.

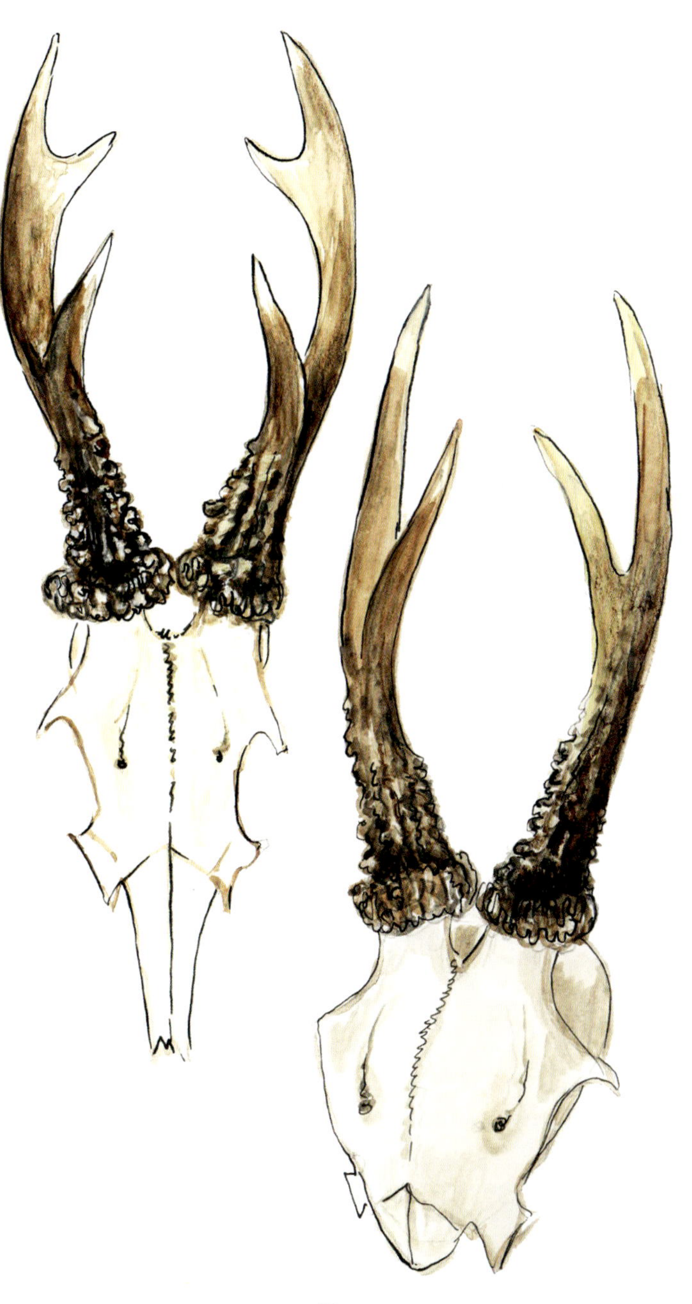

Jugendklasse

Gehörne schlecht veranlagter 2-jähriger Böcke – Klasse IIb

Gabler mit kurzen, dünnen und hellen Stangen ohne Perlung. Bock hustete stark, Nasen- und Rachenraum waren mit zahlreichen Larven der Rachenbremse besetzt, hinzu kam noch Lungenwurmbefall.

43 >>

Spießer mit nach innen gedrehten Stangen, unterlauscherhoch; Körpermasse schwach, Lungenwurmbefall.

44 >>

Spießer, überlauscherhoch, aber dünne Stangen, wenig Masse; ohne Perlung, nadelspitze Enden; Körpermasse schwach.

45 >>

Ungerader Gabler, knapp lauscherhoch, wenig Masse, ohne Perlung.

46 >>

Merke: Zweijährige Spießer und Gabler mit unterlauscherhohem Gehörn, mit geringer Masse und Perlung sowie mit spitzen, pfriemartigen Enden sind immer zu erlegen. Ebenso wie bei den Jährlingen ist hier ein strenger Maßstab anzulegen. In den Altersklassen Jährlinge und 2-jährige Böcke muss der Hauptanteil des jährlichen Bockabschusses erfolgen.

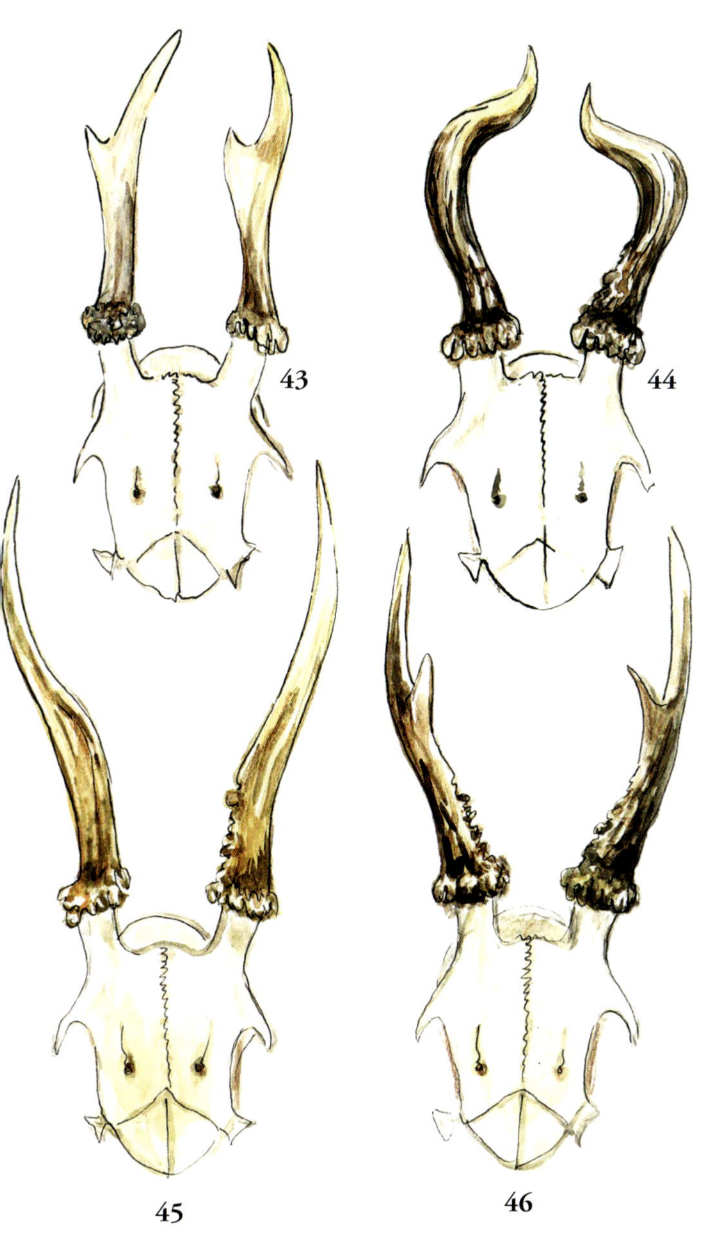
43
44
45
46

Mittelklasse

Junger Bock, 3- bis 4-jährig

Kopf: Wirkt oval und passt harmonisch zum gesamten Körperbau.
Hals: Kräftiger als beim 2-jährigen Bock, wird nicht mehr vollkommen aufrecht getragen.
Figur: Im Vergleich zum 2-jährigen Bock kräftiger. Läufe wirken dadurch nicht mehr so lang.
Benehmen: Noch sorglos, aber schon empfindlicher gegenüber Störungen. Mit Altersgenossen werden oft Scheingefechte ausgetragen. Dem älteren Bock geht er respektvoll aus dem Wege. Markantes Merkmal ist der Stechschritt. Bei Beunruhigungen stampft er mit den Vorderläufen und schreckt lange.
Verfärben: Ende Mai/Anfang Juni zum Sommerhaar, Oktober zum Winterhaar.
Gehörnentwicklung: Ende April/Anfang Mai abgeschlossen. Zum Aufgang der Bockjagd ist der Hauptschmuck bereits gefegt und verfärbt. Abwerfen erfolgt im November/Dezember.

Spießer, Gabler oder schlecht veranlagte Sechser, bleiben häufig in der Gehörnbildung ewig mittelmäßig. – Klasse IIb.

47 >>

Im Wildbret kräftig und gesund. Die straffe rote Decke ist der Ausdruck des „Wohlbefindens“. Der junge Bock „prahlt“ mit seinem Gehörn durch gute Stangenlänge und Vereckung. Die Masse ist deutlich oben. Mindestforderung bei der Gehörnbildung ist die Sechserstufe mit guter Masse, Perlung und Vereckung. – Klasse IIa.

48 >>

Mittelklasse

Gehörne gut veranlagter junger Böcke, 3- bis 4-jährig – Klasse IIa

Mindestforderung in dieser Altersklasse ist der Sechser mit guter Vereckung, Perlung und Masse, Gehörnmasse 190 g, Stangenlänge im Durchschnitt 19 cm.

49 >>

Sechser-Bock „prahlt“ mit besonders langen Enden und sehr guter Perlung. Die in der rechten Stange fehlende Vordersprosse ist kein Abschussgrund, da der Mangel auf eine Verletzung durch äußere Einwirkung zurückzuführen ist. Aus diesem Grund gilt auch hier wieder der Grundsatz: „Masse geht vor Form!“

50 >>

Merke: Mindestforderung in der Altersklasse der jungen Böcke ist der gut vereckte Sechser mit überlauscherhohem Gehörn (20 cm), wobei bei entsprechender Masse die Form der Stangen und die Stellung keine Rolle spielen, d. h., auch ein enggestellter Sechser wird bei sonst guter Vereckung und starken Stangen toleriert. Das gleiche gilt für fehlende Vorder- oder Hintersprosse, wenn feststellbar ist, dass das Fehlen eines Endes auf Verletzungen zurückzuführen ist.

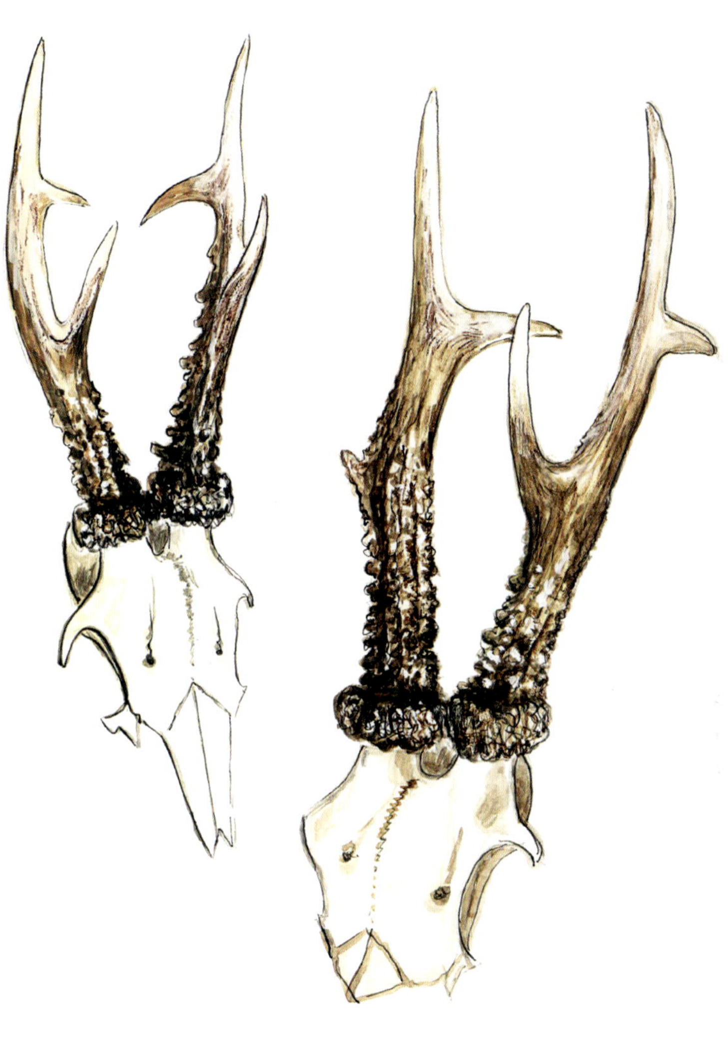

Mittelklasse

Gehörne schlecht veranlagter junger Böcke, 3- bis 4-jährig – Klasse IIb

4-jähriger Bock mit unterlauscherhohen, gering vereckten Gabeln, Stangen sind seitlich verdreht, glatt und ohne Perlung, krankhafte Veränderungen der inneren Organe (Lungenwurmbefall).

51 >>

Enggestellter Sechser mit kurzer Vereckung, Typ des „ewig Mittelmäßigen", Stangenlänge im Durchschnitt 17 cm.

52 >>

Gabler mit nur gering vereckten Stangen, Masse als Zeichen schlechter Veranlagung bereits unten, Stangenlänge im Durchschnitt 17,5 cm.

53 >>

Merke: Alle Trophäenträger in der Altersklasse der „jungen Böcke" gehören zur Klasse IIb, wenn sie nicht der Mindestforderung der Sechserstufe mit guter Vereckung, Masse und Perlung entsprechen. Demnach sind alle Spießer, Gabler und geringe Sechser in dieser Altersklasse zu erlegen.

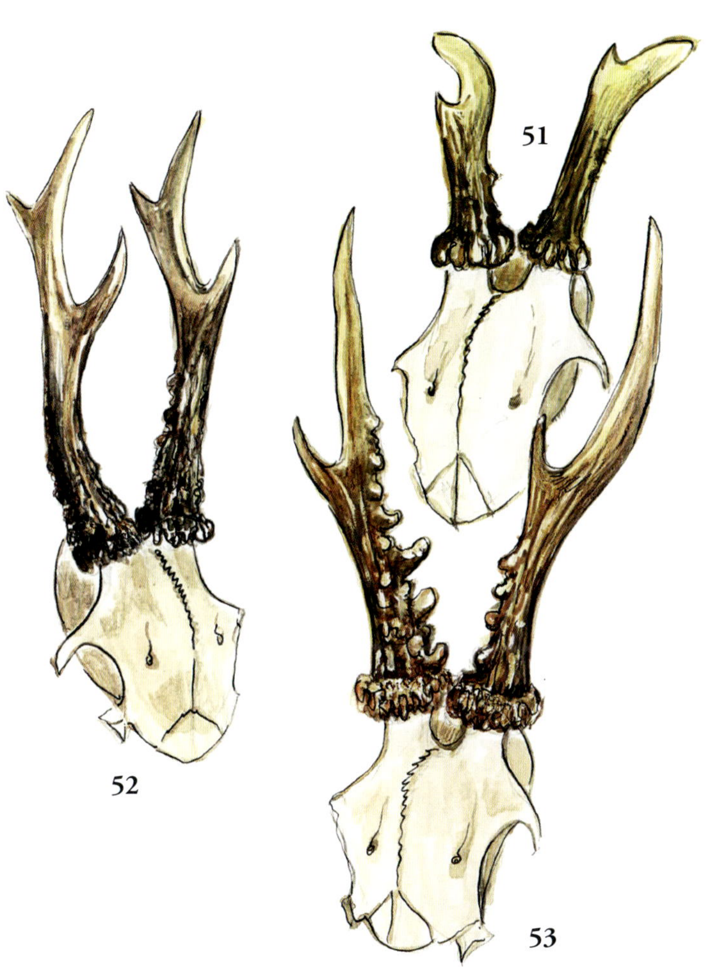
51
52
53

Mittelklasse

Gehörne mittelalter Böcke, 4- bis 5-jährig – Klasse IIb

Typischer Vertreter der Klasse der „ewig Mittelmäßigen“, täuscht durch sein Gehörn einen gut veranlagten 2- bis 3-jährigen Bock vor. Wenn bei solch einem Bock die übrigen Merkmale des Ansprechens, wie Verfärben, Fegen, Benehmen und Habitus, nicht genau beachtet werden, hat er die Chance, sich von Jahr zu Jahr „durchzumogeln“ und seine schlechten Eigenschaften stets weiter zu vererben. Hauptmerkmale des Gehörns sind: dünne Stangen und Enden, kurze Vereckung, geringe Masse und schwache Perlung. – Alter 5 Jahre.

54 >>

Gering vereckter Sechser mit dunklen Stangen, ohne wesentliche Perlung: schlechte Veranlagung. – Alter 5 Jahre.

55 >>

Schlecht veranlagter 4-jähriger Bock, rechte Stange Spieß, links angedeuteter Sechser, war im Wildbret sehr schwach, ein typischer Abschussbock.

56 >>

Merke: Alle Trophäenträger, die in dieser Alterklasse der „Mittelalten Böcke“ dem Bewirtschaftungsziel des Einstandsgebietes nicht entsprechen, sind in Masse, Vereckung, Perlung und Stangenlänge zu gering und rechnen zur Klasse IIb. Vorrangig sind die „ewig mittelmäßigen“ Böcke zu erlegen. Diese schwer ansprechbare Klasse tritt besonders in Jagdgebieten mit geringer Auslese in der Jugendklasse auf.

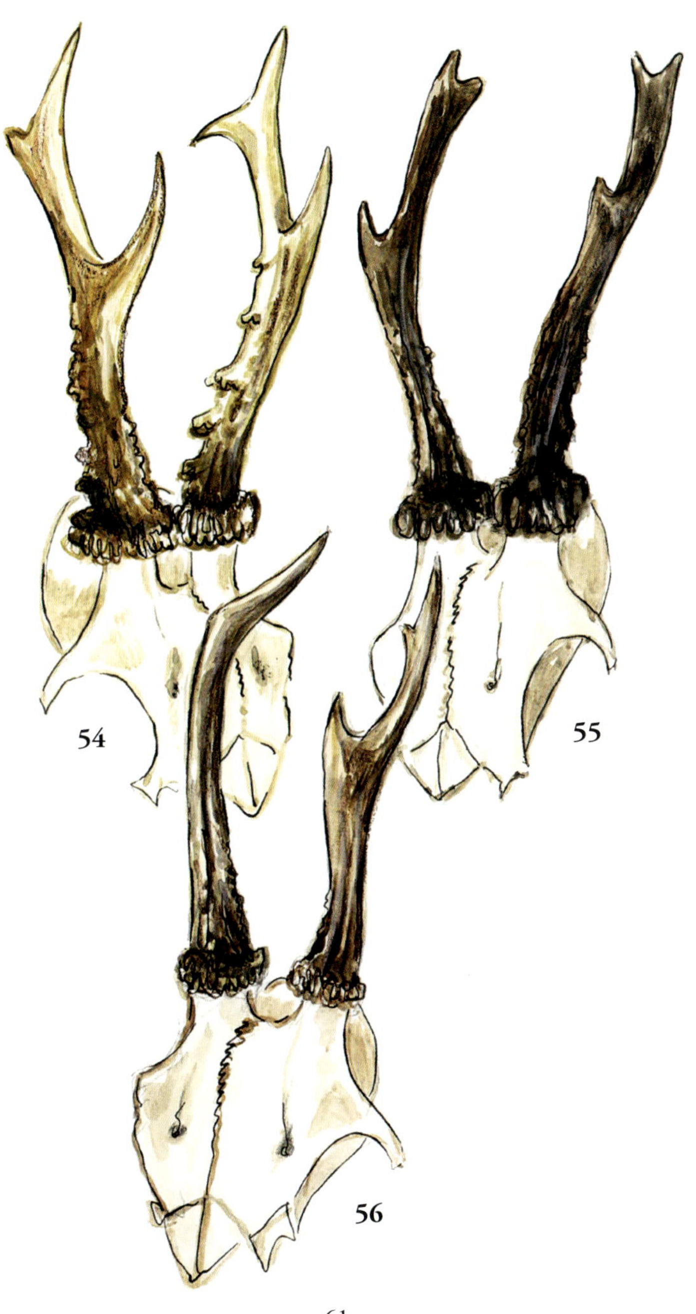
54
55
56

Mittelklasse

Gehörne mittelalter Böcke, 4- bis 5-jährig – Klasse IIa

Sehr gut veranlagter, ungerader Achter mit dunkelbraun gefärbten, reich geperlten Stangen. Auffällig sind die starken Kranzrosen. Bock ist auf der Höhe seiner Entwicklung und kann gegen Ende oder nach der Blattzeit erlegt werden.

57 >>

Sehr gut veranlagter Achter mit langen Vordersprossen. Auf der Innenseite der Stangen gute Perlung. Gehörnmasse 320 g, Stangenlänge 22 cm.

58 >>

Sechser mit starken, dunklen und massigen Stangen, starke Perlung an der Innenseite. Gehörnmasse 264 g, Stangenlänge im Durchschnitt 21 cm.

59 >>

Merke: In Einstandsgebieten mit guten Äsungsverhältnissen geht der Bock in diesem Alter in die Klasse I der starken, reifen Böcke über. Vorraussetzung ist allerdings das Erreichen der für das Einstandsgebiet festgelegten Zielgehörnmasse. Forschungsergebnisse sagen aus, dass der Bock in diesem Alter etwa sein stärkstes Gehörn schieben kann. Damit ist jedoch nicht gesagt, dass das Gehörn sich nicht noch weiter entwickeln oder auch schon zurücksetzen kann. Gehörnträger dieser Qualität können bei annähernder Erreichung der Zielmasse gestreckt werden, oder man lässt sie bis zum Alter 7 oder 8 Jahre auswachsen.

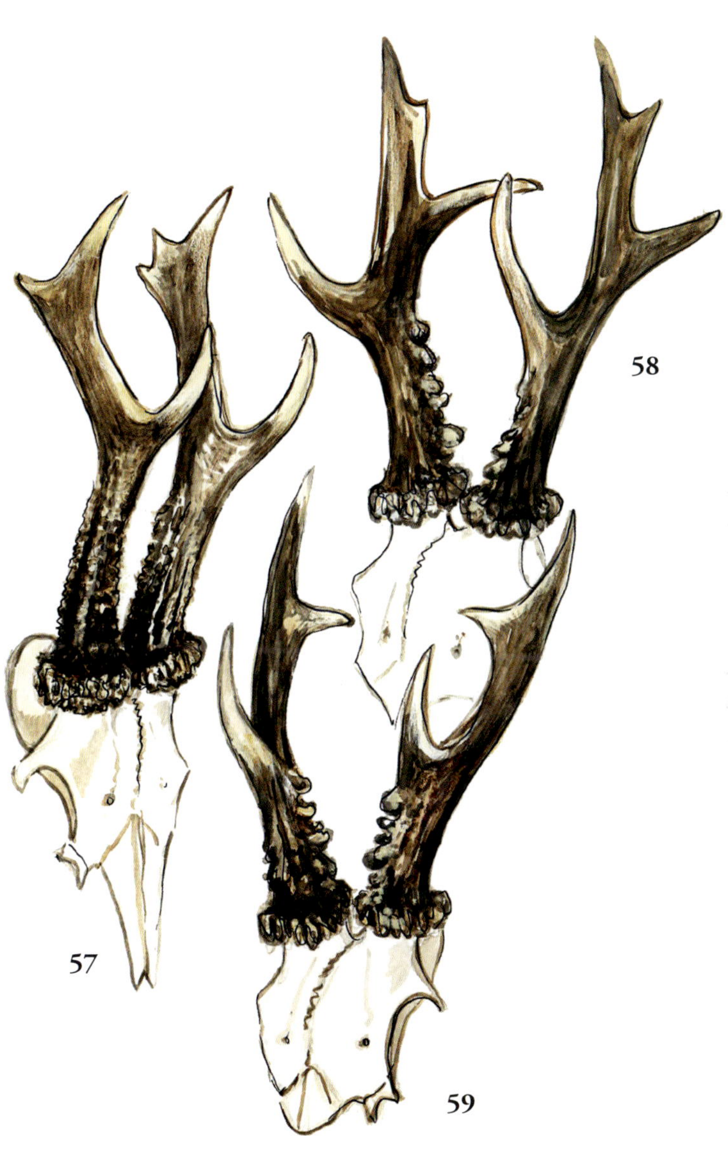

58
57
59

Reifeklasse

Reifer alter Bock, 6- bis 10-jährig

Kopf: Kräftig, mit breiter Stirnpartie, dadurch kurz und massig in der Erscheinung.
Hals: Kurz und stark. Haupt wird beim Ziehen waagerecht getragen.
Figur: Quadratischer Wildkörper, starker Vorschlag; Rückenlinie durch Absatz an Widerrist und Kruppe unterbrochen. Starke, kräftige und dadurch kurz wirkende Läufe.
Benehmen: Ebenfalls sehr angriffslustig und unduldsam gegenüber Nebenbuhlern; verteidigt sein Einstandsgebiet, das durch Duft-, Fege- und Plätzstellen markiert wird. Aus der Größe der Plätzstellen und der Höhe der Fegestellen kann man auf die Stärke des Bockes Rückschlüsse ziehen. Der Bock ist heimlich. Er erscheint außerhalb der Blattzeit nur nach Einbruch der Dämmerung. Unternimmt häufig zur Mittagszeit auf sogenannter Faulpirsch seinen „dummen Gang“. Eine Gefahr erkennend, springt er ab und schreckt aus der Deckung höchstens ein- bis zweimal mit tiefem Bass.
Verfärben: Im Juni, wobei Ende Juni häufig noch Partien mit Winterhaar auf Träger und Keulen vorhanden sind. Er verfärbt im Oktober zum Winterhaar.
Gehörnentwicklung: Bock fegt im April und wirft im Oktober ab.

Merke: Mit 6 bis 7 Jahren erreicht der Bock seine volle Körpermasse, die er bei einem optimalen Gesundheitszustand bis zum 9. und 10. Lebensjahr beibehält. In diesem Alter spricht man von einem reifen und alten Bock, der in die Klasse I hineingewachsen ist. Er zeichnet sich durch seinen vitalen Gesamteindruck und sehr gute Gehörnentwicklung aus. Besonders auffällig sind gewöhnlich die Stangenlänge, die Masse des Gehörns mit guter Perlung und große Rosenumfänge.

Geringer Bock, 6 bis 7 Jahre alt. Ein in dieser Altersklasse körperlich schwacher und damit geringer Bock. Setzt bzw. hat bereits schon sein Gehörn zurückgesetzt. – Klasse IIb.

<< 60

Starker, reifer und sehr gut veranlagter alter Bock mit starker Wildbretmasse. – Klasse I.

61 >>

Reifeklasse

Gehörne alter Böcke, 6- bis 7-jährig – Klasse IIb

Stark zurückgesetzter, lyraförmiger Spießer. Das Gehörn zeigt Dachrosen, tiefe Furchung und geringe Perlung. Vertreter einer schlecht veranlagten Rehfamilie. Der Bock hätte bereits in der Jugendklasse gestreckt werden müssen, da die Veranlagung zur Endenbildung trotz der guten Form zu gering ist. Außerdem hat das Gehörn dieses Bockes zu wenig Masse. Gehörnmasse 175 g, Stangenlänge im Durchschnitt 20 cm.

62 >>

Vertreter der „ewig Mittelmäßigen". Durch die dunklen Stangen täuscht man sich beim Ansprechen eines solchen Bockes, denn man „sieht" unten kaum Masse, das Gehörn hat keine Perlung und Vereckung. Der Bock hätte bereits in der Jugendklasse richtig angesprochen und gestreckt werden müssen. Es ist der „Mördertyp".

63 >>

Merke: Böcke der Klasse IIb hätten bei normaler Bewirtschaftung des Rehwildbestandes nicht in dieses hohe Alter kommen dürfen, sondern bereits als Jährlinge oder Zweijährige richtig angesprochen und erlegt werden müssen. Zur Ausmerzung dieser „ewig Mittelmäßigen" ist nach exakter Wildzählung, genauer Zuwachsberechnung und Festlegung des Bewirtschaftungszieles der Abschuss entsprechend der ermittelten Wilddichte zu erhöhen. Gleichzeitig ist der Abschuss des geringen weiblichen Wildes anzupassen.

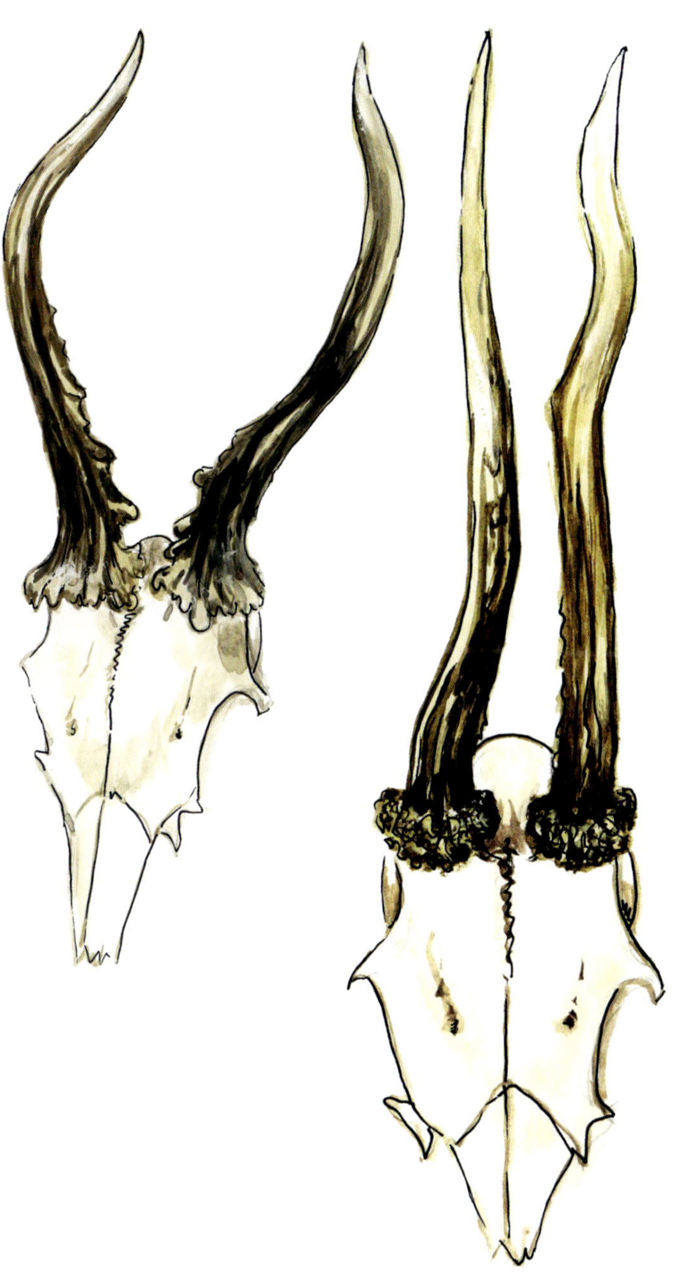

Reifeklasse

Gehörn eines 7- bis 8-jährigen Bockes – Klasse I

Kapitalgehörn mit dicken, knuffigen und besonders reich geperlten Stangen. Auffallend sind trotz des hohen Alters die gute Vereckung und die hervorragende Masse des Gehörns. Dieses Gehörn ist ein Beispiel dafür, dass sich bei guten Äsungs- und entsprechenden Witterungsverhältnissen mit schneearmen, milden Wintern die gute Veranlagung eines Bockes bis ins hohe Alter durchsetzt. Gehörnmasse 589 g, Stangenlänge im Durchschnitt 22 cm, Gehörn erhielt bei der Trophäenschau eine Goldmedaille.

64 >>

Reifeklasse

Alter Bock, 7- bis 9-jährig – Klasse I

Ideal geformter, massiger Sechser mit reicher, muschelartiger Perlung und starken Muschelrosen. Stangen sind tief schwarzbraun. Stangenlänge im Durchschnitt 24 cm. Gehörn erhielt bei der Trophäenschau eine Silbermedaille.

65 >>

Kurzstangiger, knuffiger Sechser, nur wenige große Perlen, aber sehr viel Masse, schwarzbraune Farbe. Gehörn erhielt bei der Trophäenschau eine Bronzemedaille.

66 >>

Merke: Kommen günstige Bedingungen, entsprechende Veranlagung und hervorragende Äsungsverhältnisse, milde Winter, geringe Wilddichte, gut gestaffeltes Altersklassenverhältnis und ein Geschlechterverhältnis von 1 : 1 zusammen, zeigt der Bock bis ins hohe Alter starke, knuffige Stangen. Teilweise setzt er schon zurück, was an den relativ kurzen Stangen und Enden ersichtlich ist. Ein weiteres Belassen solch eines alten, reifen Bockes im Bestand ist nicht zu empfehlen, da er meist schon sein bestes Gehörn ein bis zwei Jahre früher geschoben hat und wahrscheinlich bereits im Folgejahr stark zurücksetzen wird, so dass man ihn nicht mehr als einstigen „Kapitalbock“ wiedererkennt. Das Zielalter ist überschritten. Im Übrigen ist davon auszugehen, dass dieser Bock seine Erbanlagen oft genug weitergeben konnte.

Reifeklasse

Gehörn eines 7- bis 8-jährigen Bockes – Klasse I

Reifer, starker Bock aus Güstrow (Mecklenburg-Vorpommern). Gehörnmasse 395 g, Stangenlänge im Durchschnitt 27 cm. Gehörn erhielt bei der Trophäenschau 110,2 Internationale Punkte, Bronzemedaille.

67 >>

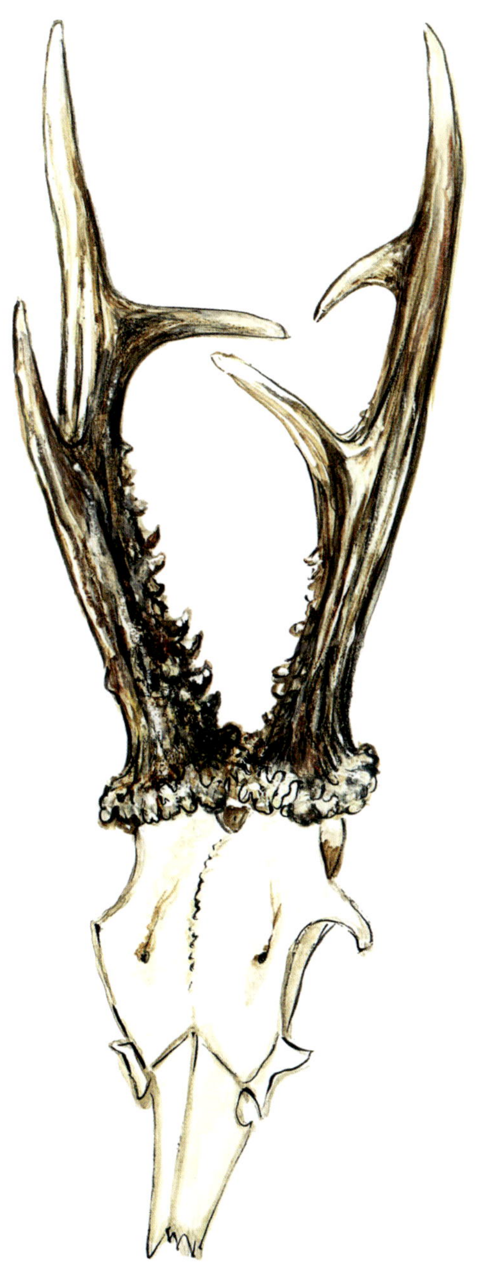

Reifeklasse

Gehörn eines 7- bis 8-jährigen Bockes – Klasse I

Dieser Kapitalbock wurde 1969 in Schleesen (Fläming, Sachsen-Anhalt) erlegt. War stärkster Bock der DDR, Gehörnmasse 595 g, Stangenlänge im Durchschnitt 27,8 cm. Gehörn erhielt 1971 auf der Weltjagdausstellung in Budapest mit 182,73 Internationalen Punkten den Grand Prix.

68 >>

Überalterte Klasse

Überalterter Bock, 10-jährig und älter

Kopf: Greisenhaft, grau und eingefallen, dadurch wieder klein und schmal erscheinend.
Hals: Am Haupt schmal, zum Blatt hin etwas stärker werdend, wird tief getragen.
Figur: Wieder gering in der Wildbretmasse, eingefallene Flanken- und Rippenpartien, Beckenknochen heben sich deutlich ab. Spiegel steil abfallend. Kann vom unerfahrenen Jäger bei Nichtbeachtung aller anderen Merkmale des Ansprechens häufig mit einem geringen, jungen Bock verwechselt werden.
Benehmen: Einzelgänger, sehr heimlich, sichert lange am Dickungsrand und „verdrückt" sich vorsichtig unter Nutzung jeder möglichen Deckung bereits bei der kleinsten Prise „schlechter" Wittrung. Zur Äsung kommt er nur noch nach Einbruch der Dunkelheit.
Verfärben: Ende Juni, häufig noch bis in den Juli hinein, besonders bei starkem Parasitenbefall, trägt eine struppige, graue Decke und ist dadurch trotz des geringen Wildkörpers leicht vom jüngeren Bock zu unterscheiden; Wechsel zum Winterhaar Oktober/November.
Gehörnentwicklung: Fegt als Erster bereits März/April und wirft schon zu Ende der Schusszeit ab.

Stark zurückgesetzter, überalterter Bock. Sein Gehörn gleicht dem eines Spießers. An der gesamten Figur lässt sich ein hohes Alter erkennen. Er ist am Ende seines Lebens angekommen.

69 >>

Ein ebenso alter Bock mit stark zurückgesetztem Gehörn.

70 >>

Solch ein hohes Alter sollten Rehböcke nicht erreichen. Gewöhnlich sind solche Stücke mit Krankheiten und/oder Parasiten befallen.

Überalterte Klasse

Gehörne überalterter Böcke – Klasse IIb

Sehr stark zurückgesetzter Sechser mit kantigen, kurzen Stangen. Der Bock war stark mit Rachenbremsenlarven, Lungenwürmern und Leberegeln befallen. Alter über 10 Jahre.

71 >>

Überalterter Bock mit nur noch kurzen Gabelstangen, knapp lauscherhoch. Alter nicht mehr genau feststellbar, da die Zahnreihe fast bis auf den Unterkieferknochen abgeschliffen war.

72 >>

Überalterter Bock mit kurzen, auf dem Schädeldach aufsitzenden Knöpfen. Alter nicht mehr feststellbar, da Kauflächen eben und bereits einzelne Zähne ausgefallen waren.

73 >>

Merke: In normal bewirtschafteten Rehwildeinstandsgebieten müssen schlecht oder mittelmäßig veranlagte Böcke bereits in den Jugendklassen zur Strecke kommen. Bei einem zu hohen und dazu qualitativ schlechten Rehwildbestand sind außer einem verstärkten Abschuss in der Jugendklasse auch die überalterten Böcke zu erlegen. Sie haben für den Altersklassenaufbau des Bestandes keine Bedeutung mehr, sondern bilden nicht selten als Träger von infektiösen Keimen und meist starke Dauerausscheider von Parasiteneiern und/oder Larven eine Gefahr für den gesunden Rehwildbestand. Hinzu kommt, dass sie auch in der Körperstärke stark zurücksetzen und auf Grund altersbedingter mangelhafter Widerstandsfähigkeit zunehmend unter den Witterungsunbilden zu leiden haben.

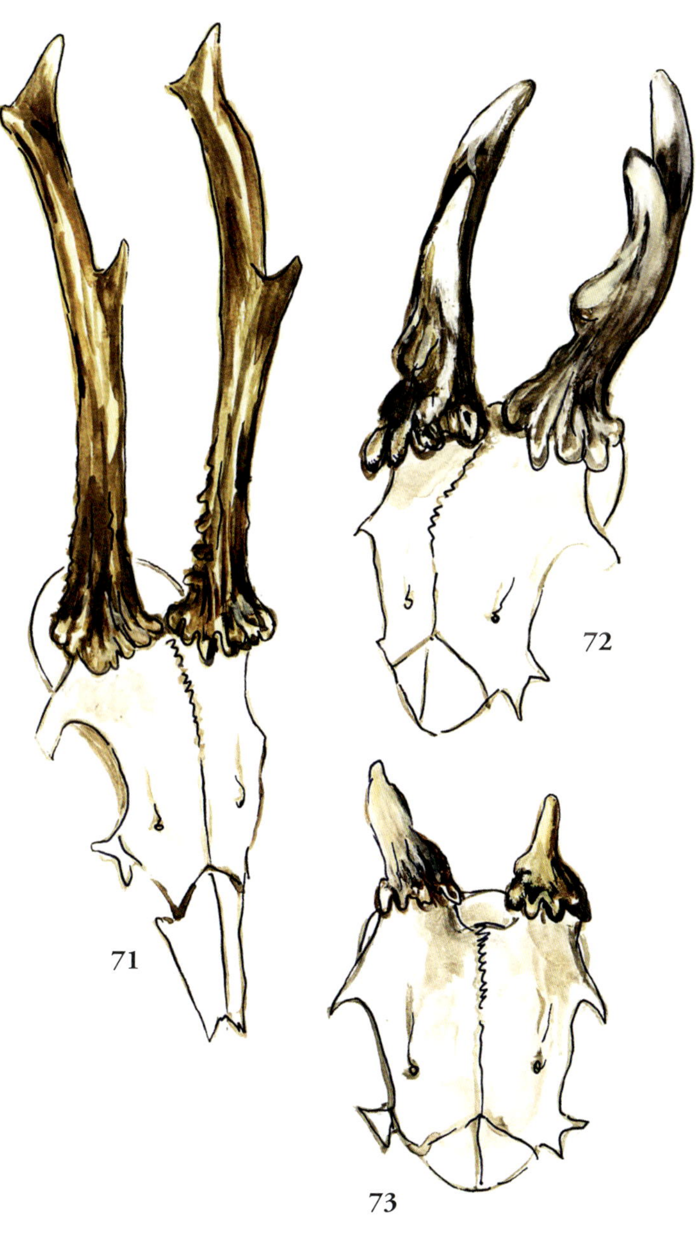
71
72
73

Überalterte Klasse

Gehörne überalterter Böcke – Klasse IIb

Stark zurückgesetzter Bock, rechte Stange Spieß, linke Stange Gabel. Dachrosen, geringe Perlung. Masse unten, trotzdem noch eine Stangenlänge von 24 cm.

74 >>

Stark zurückgesetzter, ungerader Sechser mit Dachrosen und geringer Vereckung. Vertreter der „geschnürten Form“.

75 >>

Merke: Bei einer weiteren „Überhege“ von Böcken der Klasse I setzen diese innerhalb von ein bis zwei Jahren so stark zurück, dass sie nicht mehr als einstige „Kapitalböcke“ anzusprechen sind. Diese überalterten Böcke sind sehr heimlich und deshalb auch schwer zu erlegen. Es ist daher wichtig, diese Böcke jeweils im festgelegten Zielalter, also wenn sie im Gehörn die Zielmasse erreicht haben, als Ernteböcke zu strecken.

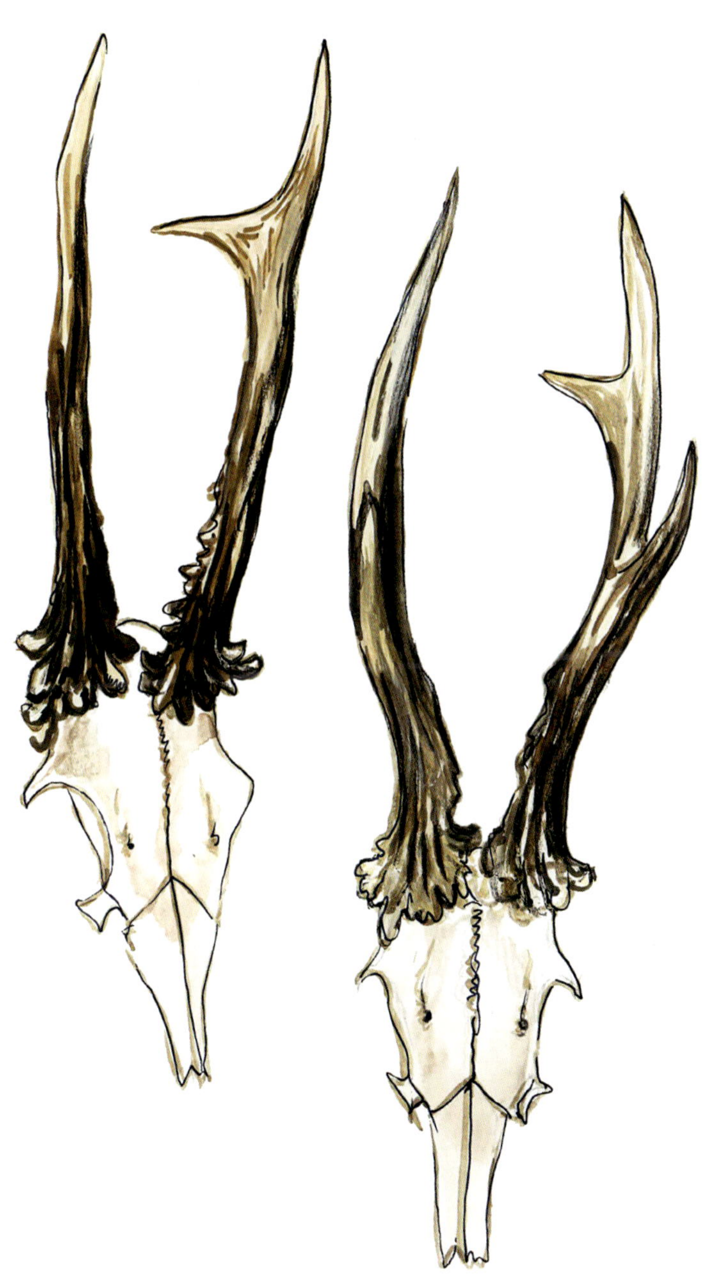

Überalterter Bock, 10- bis 11-jährig

Überalterte Böcke, aber auch überalterte Ricken, sind mit Parasiten, z. B. Lungenwürmern, Magenwürmern, Bandwürmern, Leberegeln, Finnen, Dasselfliegenlarven u. a., befallen. Die Erkrankung ist bereits äußerlich gut zu erkennen. Die unterschiedlichen Parasiten schmarotzen dann vorübergehend oder auch dauernd im oder auf dem Wildkörper und verursachen Stoffwechselstörungen im Wildkörper oder auch in der Gehörnentwicklung. Oft bilden sich dann abnorme Gehörne, wie die bekannten Widdergehörne.

Stark überalterter Bock, der zurückgesetzt hat und auf Grund seiner Abnormität nicht bewertet wurde. Gehörnmasse 410 g.

76 >>

Abnorme Gehörnbildungen

Einstangen- und Pendelstangenböcke

Kurzstangiger schwach angedeuteter Einstangensechser, links als ungefegter Knopf ausgebildet. Einstangigkeit kann durch Anomalie entstanden und erblich sein.

77 >>

Pendelstangenbock; hat sich wahrscheinlich durch gewaltsame Einwirkung die rechte Stange kurz über dem Rosenstock abgebrochen. Sie wurde nur noch durch eine lose Hautverbindung der Decke gehalten. Beim Abkochen fiel dann die Stange ab. Bei solchen Verletzungen kommt es häufig auch zu Keimsaumbeschädigungen, so dass im folgenden Jahr dann eine Stangendeformation oder Einstangigkeit auftritt.

78 >>

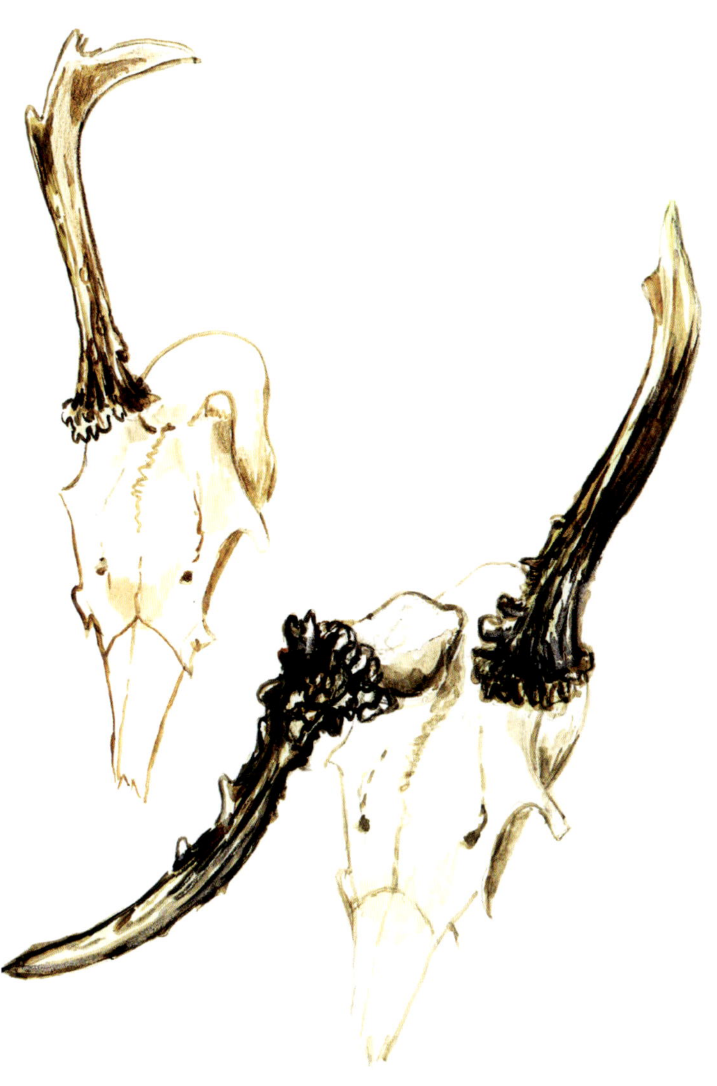

Rosenstockbruch

Besonders starke und abnorme Trophäe eines 4-jährigen Bockes. Rosenstockbruch der rechten Stange mit Keimsaumverletzung am oberen Rand. Dadurch kam es zur Ausbildung einer scheinbaren dritten Stange von 3 cm Länge. Verletzung erfolgte schon im Alter von mindestens zwei Jahren, da sehr starke Kallusbildung vorhanden und der Bruch gut verheilt war. Beide Stangen sind gut geperlt und zeigen eine gute Vereckung. Die linke, gute Sechserstange hat eine Länge von 23,5 cm. Gehörn wird als Abnormität eingestuft.

79 >>

Stangendeformationen

Starke Deformation der linken Stange infolge eines Bruches während der Bastzeit. Die rechte Stange dagegen zeigt die sehr gute Veranlagung. Stangenlänge 24,5 cm, Vorderspross 6,5 cm und Hinterspross 5,5 cm lang. Weiterhin zeigt die Stange auf der Innenseite eine starke Perlung.
Die Verletzung der linken Stange hätte nach dem Abwerfen im Oktober/November keine Folgen nach sich gezogen; der Bock hätte im Folgejahr beiderseits eine normale Sechserstange geschoben. Alter 4 Jahre. – Klasse IIa.

80 >>

Merke: Beim Ansprechen eines im Wildbret starken Bockes, der eine deformierte Stange der abgebildeten Form zeigt, ist Vorsicht geboten. Durch einen übereilten Schuss kann sonst der beste Vererber im Rehwildbestand zur Strecke gebracht werden, obwohl er im Erntealter ein Kapitalbock hätte werden können. Starke Abweichungen könnten anderseits aber auch als Abnormität betrachtet werden. Die Entscheidung liegt beim Jäger.

Stangendeformation infolge Parasitenbefall

Bock war stark abgekommen und hustete stark. Beim Aufbrechen zeigte die Prüfung auf bedenkliche Merkmale, dass die Lunge weitgehend mit haselnussgroßen Eiterherden durchsetzt war. Die Körpermasse betrug noch 10,0 kg. Alter 4 Jahre. – Klasse IIb.

81 >>

Beide Stangen sind nur 7 bis 8 cm lang, stark geperlt und nach vorn über das Schädeldach gebogen.

82 (von vorn) >>

Zum Zeitpunkt der Erlegung konnte geringfügiger Lungenwurmbefall, aber ein starker Befall mit Magen- und Darmwürmern festgestellt werden. Stark abgekommen, Körpermasse nur noch 10 kg. Alter etwa 3 Jahre. – Klasse IIb.

83 (von der Seite gesehen) >>

81
83
82

Stangendeformation infolge Lungenwurmbefall

Alle drei Böcke waren vom Lungenwurm befallen, in ihrer gesamten körperlichen Verfassung stark beeinträchtigt und deshalb auch im Wildbret schwach.

Besonders starken Lungenwurmbefall hatte der ältere Bock (Abb. 84). Im Juli war seine Decke noch nicht verfärbt und besonders struppig.

Der Bock in Abbildung 86 hatte stark unter Leberegelbefall gelitten. – Klasse IIb.

>> **84**

>> **85**

>> **86**

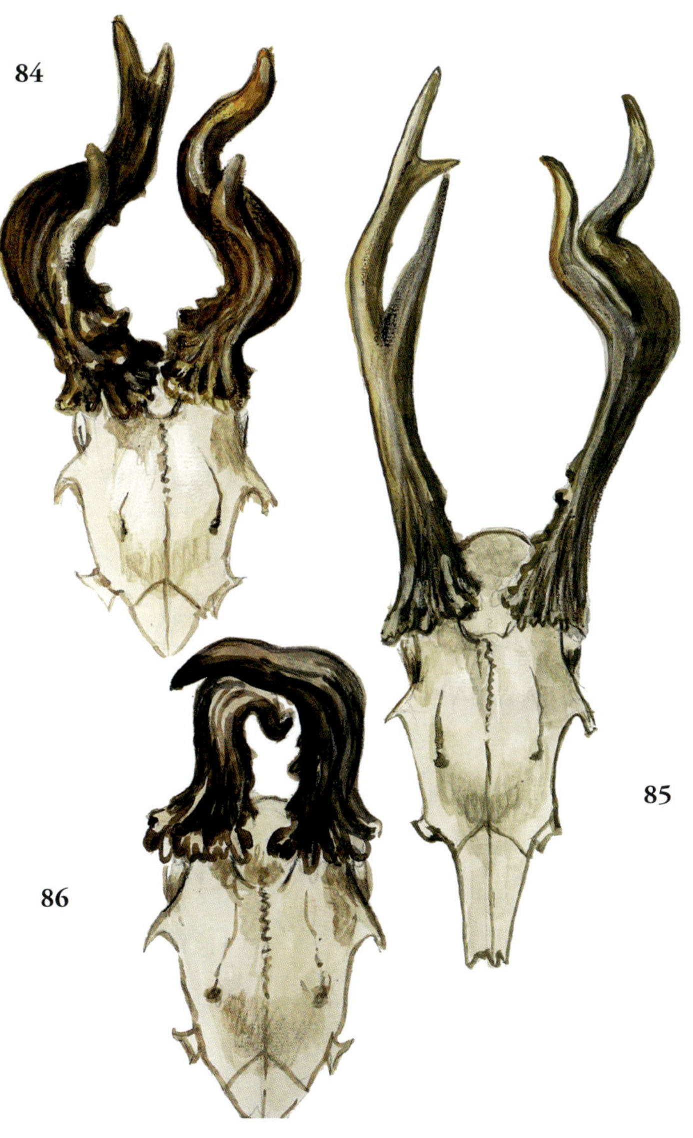
84
85
86

Widdergehörne

Widderartig geformtes Gehörn, tiefschwarz glänzend, ohne Perlung. Gehörn in den Spitzen gummiartig weich. Bock war stark von Lungenwürmern befallen. Durch die Abwehrreaktion des Wildkörpers während der Aufbauzeit des Gehörns und Stoffwechselstörungen wurden dem Gehörn nicht genügend Aufbaustoffe zugeführt. Es kam zum Kalkmangel im Gehörn. Die fehlende Härte und Festigkeit zog ein seitliches Absinken der Stangen nach sich. Alter 4 Jahre. >> **Abb. 87**

Merke: Stark unter Parasiten leidendes Wild reagiert durch späten Zeitpunkt des Verfärbens, Schiebens sowie Abwerfens und macht durch seine struppige Decke auch im Sommer einen kranken Eindruck. Die Trophäe zeigt meistens starke Deformationen. Der Gesundheitszustand solcher Stücke ist schlecht, häufig keuchen und husten sie wegen Verstopfung der Atemwege durch Parasiten oder Parasitenlarven. Von Parasiten befallene Stücke haben ein geschwächtes Immunsystem und sind daher wesentlich anfälliger für Infektionskrankheiten. Damit haben diese Stücke auch eine zu geringe Kondition, um strenge Winter überstehen zu können. Der Abschuss ist unbedingt notwendig. Starken Parasitenbefall mit Lungenwürmern, Magen-Darm-Würmern und Leberegeln beobachten wir besonders in Revieren, die stark mit feuchten oder versumpften Äsungsflächen sowie Gräben und Tümpeln mit stehendem Gewässer durchsetzt sind. Darüber hinaus nehmen die Befallsintensität und die Krankheitserscheinungen überall dort überhand, wo bei ohnehin schon suboptimaler oder mangelhafter Ernährungsgrundlage eine nicht angepasste Wilddichte zur Massierung der Erregerausscheidung einerseits und zu harter Nahrungskonkurrenz in den dann kümmernden Beständen andererseits führt. Auch starker Befall des Bestandes durch Dasselfliegen und/oder Rachenbremsen kann ein Indiz für eine zu hohe Bestandsdichte sein. Die dem Biotop angepasste Rehwildbewirtschaftung muss deshalb bei hohem Parasitendruck durch entsprechende Bestandsreduktion, aber gegebenenfalls auch durch Maßnahmen zur Biotopverbesserung Abhilfe schaffen.

87

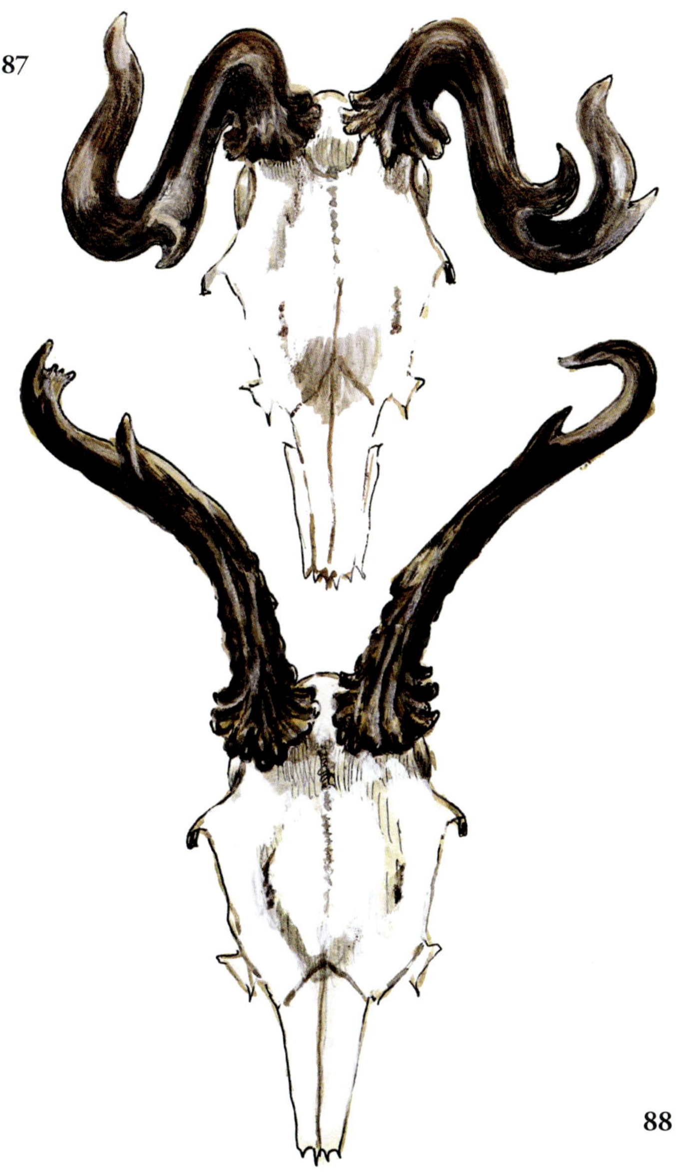

88

Gehörn tiefschwarz, ohne Vereckung, Stangenende porös. Bock litt unter starkem Parasitenbefall mit Lungenwürmern und Leberegeln.

>> **Abb. 88**

Frostgehörne

In besonders strengen Wintern, in denen es schon im Dezember zu starken Frösten kommt, wird das Wachstum der Stangen gehemmt, oder es kommt zu starken Erfrierungen der noch zarten, stark durchbluteten, mit Bast überzogenen Stangen im unteren Stangenteil. Nach dem Fegen zeigt der Bock nur noch morsche Stümpfe, die außerdem noch porös sein können und meist beim Fegen abbrechen. Alter 4 Jahre.

89 >>

Der strenge Frost trat erst im Nachwinter auf, so dass es nur im oberen Teil der Stangen, in den Enden, zu Frostschäden kam. Alter 3 Jahre.

90 >>

Merke: Träger von Frostgehörnen sind nach strengen Wintern besonders sorgfältig anzusprechen, um Fehlabschüsse zu vermeiden. Dazu muss jeder Jäger seinen Pirschbezirk und damit auch seine Böcke genau kennen. Nur so kann er einschätzen, ob sich hinter dem Träger eines Frostgehörns eventuell auch ein gut veranlagter Bock verbirgt.

Perückengehörn

Alter des Bockes betrug etwa 4 Jahre. Der Bock trug beiderseits eine überlauscherhohe, schwammige Masse, die mit langen Haaren bedeckt war. Die rechte Stange war noch als verwucherte Sechserstange zu erkennen, während die linke Stange nur noch eine starke Wucherung darstellte. Im unteren Teil der Stangen waren diese schon verhärtet. Der Bock hatte nur eine erbsengroße Brunftkugel, während die zweite Brunftkugel innerhalb der Bauchhöhle gefunden wurde (sogenannter Kryptorchismus).

91 >>

Merke: Perückengehörne entstehen auch bei Verletzung des Kurzwildbrets oder bei angeborenem Fehlen bzw. nur einseitiger oder verkümmerter Ausbildung desselben. Es kommt dabei zu Störungen im Hormonhaushalt des Stückes, die sich auch auf das Wachstum des Gehörns auswirken. Das Gehörn wird dann nicht gefegt und nicht abgeworfen. Es hat eine schwammige und weiche Außenschicht. Die Perücke wuchert stets weiter. Sie wird durch Verletzungen der weichen Haut, die meist auch schweißverklebt ist, zur Brutstätte von Parasiten. Solch ein Stück kann, wenn es nicht gestreckt wird, einen qualvollen Tod erleiden. Deswegen ist der Abschuss jedes Perückenbockes unbedingt notwendig.

Leder- (oder Trockenbast-)gehörn und Tulpengehörn

Bei diesem Gehörn ist der Bast nicht von den Stangen abgefegt worden, sondern auf den Stangen zu einer festen, zähen Haut eingetrocknet. Diese Haut konnte nun durch Fegen nicht mehr entfernt werden. Sowohl die Möglichkeit zur Beseitigung des Bastes als auch die Färbungsfähigkeit des Gehörns erstreckt sich nur auf einen kurzen Zeitraum.

Erfolgt die Beseitigung des Bastes und auch die Färbung des Gehörns aus irgendeinen Grund nicht in dieser relativ kurzen Zeit, so ist diese Möglichkeit verpasst. Der Bast, der dann eingetrocknet ist, bildet eine sehr zähe, widerstandsfähige schwärzliche Haut, die fest auf dem Gehörn sitzt, sie kann auch zum Teil angerissen sein.

Ursachen des abnormen oder nichtgefegten Gehörns können sowohl Erkrankungen als auch der daraus entstandene schlechte Allgemeinzustand sowie krankhafte Veränderungen der Knochenhaut und des Bastes sein.

Leder- oder Tulpenbastgehörn

92 >>

Tulpengehörne sind wohl auf erblich bedingte Ursachen zurückzuführen. Sie können in Rehwildsippen örtlich unterschiedlich auftreten und unterscheiden sich meist sehr deutlich von anderen Gehörnformen in Stärke und Form.

Tulpengehörn

93 >>

Mehrstangengehörne

Bei der Mehrstangigkeit handelt es sich um echte Nebenstangen, bei denen überzählige einzelne Stangen ohne eine Verbindung mit der Hauptstange entstanden sind. Sie sind entweder völlig getrennt oder derart mit der Hauptstange verbunden, dass der Vorgang der nachträglichen Verwachsung an der abnormen Gestalt der Rose oder des Rosenstockes deutlich erkannt werden kann. Wie die Stangenteilung entstanden ist, kann man am reifen Gehörn nicht mehr ermitteln. In den überwiegenden Fällen ist sie auf eine Verletzung des jungen Kolbengehörns zurückzuführen. Als Folge einer Verletzung am frischen Kolbengehörn durch Stoß und Stich, z. B. durch Stacheldraht, entwickelt sich eine neue widersinnige Bildung, die dann zur Mehrstangigkeit führen kann. Durch die knochenbildende Tätigkeit der Knochenhaut kommt es bei Verletzungen, beim Verschieben oder auch Zerreißen der Knochenhaut zu diesen verschiedenen Formen eines Mehrstangengehörns. Die Veränderungen entstehen aber nur so lange, wie das Gewebe noch lebt und sich im Wachstum befindet.

Mehrstangengehörn (Bock wurde 1993 in Mecklenburg-Vorpommern erlegt)

94 >>

Alter des Bockes beträgt etwa 4 Jahre. Die Ausbildung der dritten Stange an der Ansatzstelle des linken Rosenstockes kann verschiedene Ursachen haben. Einerseits kann der Rosenstock durch eine Verletzung im Entwicklungsstadium beschädigt worden sein, so dass sich ein Teil des Keimsaumes auf dem Walzenkörper des Rosenstockes ausbilden konnte, andererseits kann es auch zur Spaltung des Rosenstockes gekommen sein, so dass dann auf der linken Seite zwei Rosenstöcke vorhanden waren. Man unterscheidet unechte Mehrstangengehörne – hier wachsen auf einem Rosenstock von der mehrmals geteilten Rose mehrere Stangen empor –, und echte Mehrstangengehörne, bei denen es zur Ausbildung eines neuen Rosenstockes kommt.

Mehrstangengehörn

95 >>

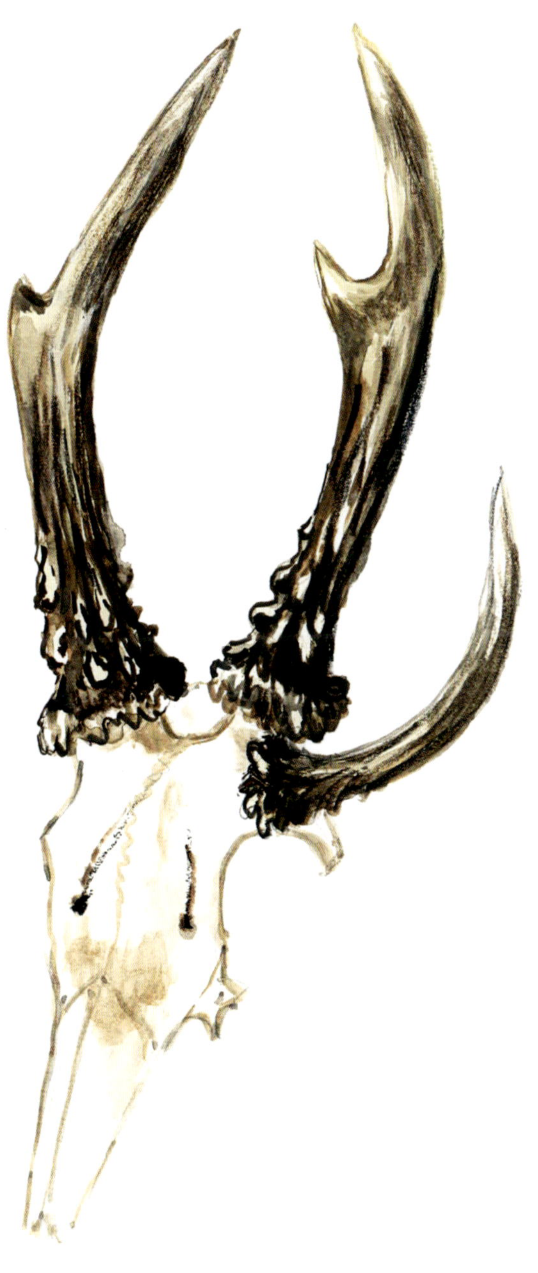

Gehörne mit Stangenverwachsungen

Verwachsene Stangen sind bei Gehörnen sehr selten. Sie gehören deshalb auch zu den seltenen Abnormitäten und werden in die Kategorie der widersinnigen Gehörne eingestuft. Ursache kann krankhaftes Dickenwachstum der Rosenstöcke sein. Die dabei engstehenden Rosenstöcke berühren sich mit den runden Abwurfflächen der Rosenstöcke, die dann eine Verwachsung der Rosen oder die danach sich entwickelnden Stangen möglich macht. Bei jedem weiteren Abwurf des Gehörns verkürzen sich die Rosenstöcke immer mehr, so dass sich die Verwachsungen wahrscheinlich immer weiter ausdehnen. Sich nur berührende Rosen sind nicht die Ursache des Zusammenwachsens.

Durch Anomalien, das sind Unregelmäßigkeiten, Abweichungen und Regelwidrigkeiten bei der Entwicklung des Gehörns, können die Rosenstöcke im Übergang zu den Stangen so zusammengepresst sein, dass die junge Knochenhaut an den Rosenstöcken und dem Übergang an den Stangen frühzeitig abstirbt. Rosen und auch Stangen können dann an dieser Stelle zusammenwachsen.

Knochenhautverletzungen an den eng zusammenstehenden Rosenstöcken oder auch Stangen können nicht nur durch das Zusammenpressen der Knochenhaut, sondern auch durch Verletzung an den eng anliegenden Gehörnteilen entstehen. Einstangengehörne können ebenfalls durch eine Anomalie entstehen, wenn z. B. von Jugend an sich nur ein Rosenstock entwickelt und der zweite völlig fehlt oder verkümmert ist.

Verwachsung aus der Lyraform im unteren Drittel

96 >>

Einhorn. Das Gehörn ist von den Rosen aus zusammengewachsen.

97 >>

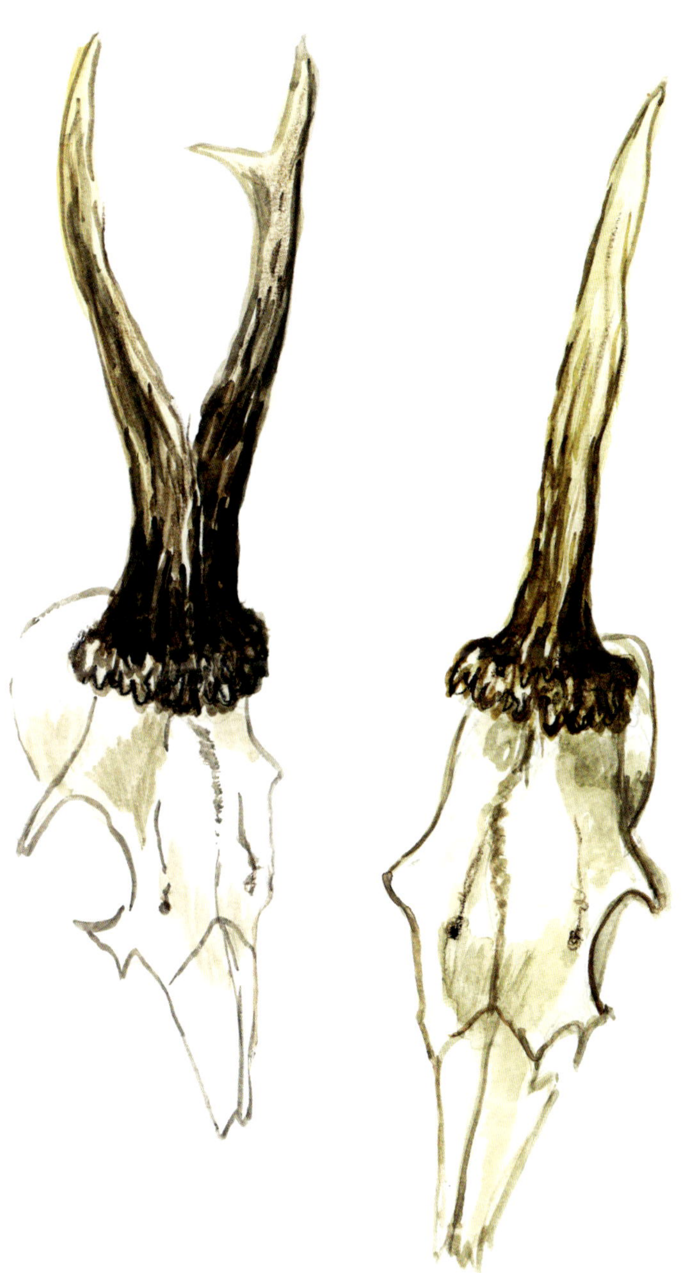

Deckenfärbung

In mitteleuropäischen Rehwildpopulationen ist die rotbraune Färbung der Decke im Sommerhaar die Regel, wobei der Rehbock im Ganzen „brandrot“ und die Ricke „blassrot“ ist.

Kitze haben eine „braunrote“ Behaarung, die durch reihenweise angeordnete weiße Flecken unterbrochen wird. Die weißen Tupfen verlieren sich im Alter von 2 bis 3 Monaten, sind aber bis zum Haarwechsel im Herbst noch erkennbar. Die Kitze zeigen danach ein ähnliches Haarkleid wie die Altrehe. Nach dem Wechsel zum Winterhaar sind Farbunterschiede zwischen Böcken und weiblichem Rehwild kaum zu erkennen. Sie erscheinen dem Jäger in einer hell- bis dunkelgrauen Decke. Die Rückenpartie hat dunkles Haar, das über die Seitenflanken bis zur Unterseite des Bauches etwas heller wird.

Der Wechsel des Winterhaars zum Sommerhaar erfolgt etwas zügiger als umgekehrt, wobei man an unterschiedlichen Körperpartien das Durchdringen des roten Sommerhaars erkennen kann. Die Rotfärbung wird durch eingelagerte Pigmente in den Haarspitzen hervorgerufen.

Neben der normalerweise rotbraunen Deckenfärbung kommt auch „schwarzes“ Rehwild vor, das man häufig in den Tiefebenen Norddeutschlands findet. Dort steht es in seinen Kerneinzugsgebieten auch mit rotbraunen Beständen zusammen.

In der Größe gibt es zwischen den rotbraunen und schwarzen Rehen keinen Unterschied. Das Winterhaar ist bei den schwarzen Rehen glänzender als das Sommerhaar. Die Lichter sind „tiefschwarz“.

Sehr selten kommen „reinweiß“ gefärbte Stücke vor, und zwar sowohl bei den Böcken als auch bei den Ricken. Im Ausnahmefall gibt es aber auch Stücke, bei denen nur Körperpartien teilweiß sind. Diese Stücke können Albinos mit roten Lichtern sein – sehr selten – oder weiße Stücke mit normal gefärbten Lichtern. Die weiße Decke kann auch auf Pigmentstörungen des Haares beruhen.

Schwarzes Rehwild

<< **98**

Weißes Rehwild

99 >>

Teilalbinismus

<< **100**

Ansprechen des weiblichen Rehwildes und der Kitze

Altersmerkmale des weiblichen Rehwildes

Merkmal	Kitz	Schmalreh	Junge Ricke
Kopf	klein, rundlich	zierlich, schlank	schmal, aber noch nicht voll ausgeprägt
Hals	kurz, dünn	lang, schmal	schon etwas stärker, wirkt dennoch eher lang und schmal
Figur	schwach, kindlich, Rumpf kurz und dadurch gedrungen wirkend	gestreckter, fast „gazellenhafter" Rumpf, jugendliche Formen	etwas stärker als das Schmalreh, dennoch langgestreckter Rumpf („vollschlank")
Verhalten	außerordentlich verspielt, dabei sehr scheu und ängstlich, drängt bei Gefahr immer zur Mutter	lebhaft, neugierig, deutlich selbstständiger als das Kitz	selbstständig, aber noch vertraut

Mittelalte Ricke	Alte Ricke	Überalterte Ricke
breiter, ausgeprägter	trocken, voll ausgeprägt	sehr trocken wirkend, kantiges Aussehen
kräftiger	stark	langgestreckt, wieder dünn wirkend
schwere Körperform, nicht mehr schlank wirkend	quadratischer Körper	sehr knochig wirkend, kantiges Gesamtbild
ruhig, recht ausgeglichen, misstrauisch, jedoch nicht heimlich, sichert häufig und lange	sehr ruhig, äußerst misstrauisch, schon deutlich heimlicher	sehr heimlich und leicht vergrämbar – wie ein alter Bock

Ansprechen nach Kopfform, Gesichtsfärbung, Gesichtsausdruck

Weibliches Kitz (November/Januar)**.** Zeigt ausgesprochen kindlichen und neugierigen Gesichtsausdruck, kurze Lauscher, Kopf sitzt auf sehr zierlichem Hals, der nur durch das Winterhaar etwas stärker wirkt.

101 >>

Schmalreh. Der Kopf ist schmal, zum Äser spitz zulaufend, die Stirnpartie zeigt aber noch das jugendliche und runde Gesicht des Kitzes. Der Gesichtsausdruck ist gespannt, neugierig und erscheint durch die nach vorn gerichteten Lauscher aufmerksam.

102 >>

Junge Ricke. Der Kopf wirkt etwas breiter als beim Schmalreh. Zeigt gespannten Gesichtsausdruck, hat noch keine groben Gesichtszüge, wirkt aber ruhig und überlegen.

103 >>

101
102
103

Mittelalte Ricke. Der Kopf wirkt besonders durch die Stirnpartie breit. Die Jochbögen sind angedeutet, dadurch entstehen bereits grobe Gesichtszüge. Der Gesichtsausdruck ist ruhig, überlegen, gespannt und vorsichtig.

104 >>

Alte Ricke. Seitlich gesehen erscheint der Kopf lang und trocken. Besonders durch die stark hervortretenden Jochbögen und tiefen Tränengruben wirkt der Gesichtsausdruck alt. Markant sind der hervortretendeDrosselknopf und die eingefallenen Partien zwischen Ober- und Unterkiefer. Der Gesichtsausdruck ist misstrauisch. Das kommt besonders durch die steil nach vorn getragenen Lauscher zum Ausdruck.

105 >>

Ansprechen nach Figur

Jugendklasse

Schmalreh – gut veranlagt. Mit dem Eintritt in das zweite Lebensjahr setzt das weibliche Kitz zum Schmalreh um. Die Figur ist zierlich, feingliedrig, mit schmalem Haupt und dünnem Träger. Das Benehmen ist spielerisch und neugierig. Es verfärbt wie der Jährlingsbock im Mai und tritt im Sprung als erstes Stück zur Äsung aus. Bei gutem Gesundheitszustand sitzt die rote Decke straff auf dem Körper. Im Habitus unterscheidet sich das Schmalreh von der Ricke nur durch die jugendliche Form.

106 >>

Mittelklasse, zweijährige Ricken

Junge Ricke – gut veranlagt. Hat das Schmalreh das erste Mal an der Brunft teilgenommen und setzt im darauf folgenden Jahr die ersten Kitze, so bezeichnet man das Stück als Ricke. Im Habitus erscheint die junge Ricke etwas voller als das Schmalreh. Das Haupt wirkt breiter und wird nur beim Sichern vollkommen aufrecht getragen. Das Stück benimmt sich nicht mehr so spielerisch wie das Schmalreh.

107 >>

Mittelklasse

Dreijährige Ricken

Junge Ricke

Die junge Ricke hat schon gesetzt, dadurch erfolgt der Haarwechsel erst später. Um einen Fehlabschuss zu verhindern, ist das vorhandene Gesäuge zu beachten.

108 >>

Mittelalte Ricke – gut veranlagt

Im Körperbau erscheint sie gegenüber der jungen Ricke „vollschlank". Der Kopf wirkt breiter und wird niedriger getragen. Das Benehmen ist ruhig, ausgeglichen und sehr misstrauisch. Sie ist nicht heimlich, steht zur Äsung lange draußen und lässt sich bei Beunruhigungen nicht allzu schnell vergrämen. Sie sichert aber häufig und lange.

109 >>

Mittelklasse

Mittelalte Ricke, hochbeschlagen. Auffällig sind bei diesem Stück der starke Träger und der quadratische Körper. Sie hat noch das volle Winterhaar. Diese Ricke steht im Übergang zur Reifeklasse.

110 >>

Reifeklasse

4- bis 6-jährige Ricke

Alte Ricke – schlechter Gesundheitszustand. Das Stück zeigt infolge starken Parasitenbefalls einen schlechten Körperzustand, eingefallene Flanken, stark hervortretende Beckenknochen und eine struppige Decke. Das Verfärben zum Sommerhaar erfolgt meist erst im Juni, und auch im Herbst verfärbt das Stück nicht kontinuierlich und gleichmäßig. Der Spiegel ist stark verschmutzt. Der Abschuss ist deshalb zu diesem Zeitpunkt unbedingt notwendig, da solch ein Stück nur schwer oder geschwächt durch den Winter kommt.

111 >>

Überalterte Klasse – ab 7 Jahre und älter

Überalterte Ricke

Häufig lässt sich beim weiblichen Rehwild keine Grenze zwischen „alt“ und „überaltert“ ziehen, da jeweils der Gesundheitszustand des Stückes eine entscheidende Rolle spielt. Jedoch zeigen sehr alte Stücke eine weit knochigere Figur als alte. Die Decke ist meist fahl. Das Verfärben erfolgt sehr spät, etwa bis Ende Juni. Das Stück ist ebenso heimlich wie der alte Bock, lässt sich leicht vergrämen und tritt sehr spät zur Äsung aus. Solche überalterten Ricken sind wegen ihres schlechten Gesundheitszustandes – verbunden mit einer geringen Widerstandskraft – Infektionsträger und bei meist starkem Parasitenbefall Dauerausscheider von Eiern und/oder Larven; sie können die Gesundheit jüngerer Stücke gefährden. Der Abschuss ist deshalb vordringlich.

112 >>

Ansprechen von Ricken und Kitzen

Ricke mit starken Bockkitz

Durch den guten Gesundheitszustand beider Stücke ist garantiert, dass das Bockkitz gut den Winter übersteht. Das Kitz kann sich als Einzelkitz entsprechend stark entwickeln, weil die gesamte Muttermilch nur diesem einen Stück zukommt, es wird voraussichtlich zu einem starken Jährling umsetzen. Dieses Bild – Ricke und Kitz in bestem Allgemeinzustand – lässt auf gutes genetisches Potential schließen. Deshalb sollte niemals ein starkes Einzelkitz von einem kräftigen und gesunden Muttertier weggeschossen werden. Das Bockkitz hat schon verfärbt, wobei man das bei der Ricke noch nicht feststellen kann. Man kann in diesem Fall daraus schließen, dass sie nicht mehr sehr jung ist. Gehört sie in das Reifealter könnte sie am Ende der Jagdzeit gestreckt werden.

Starke Ricke

113 >>

Starkes Bockkitz

114 >>

Starke Ricke mit starkem weiblichen Kitz und geringem Bockkitz

Die Ursache für das Zurückbleiben des männlichen Kitzes kann verschiedener Natur sein. Das Kitz kann schon in der Tracht geringer gewesen sein und ist dann nach dem Setzen in seiner Entwicklung zurückgeblieben. Es können aber auch andere Entwicklungsstörungen vorliegen, wie Krankheit oder auch schon Parasitenbefall. Abschussnotwendig ist jeweils das geringere Kitz, in diesem Fall das Bockkitz. Zweckmäßigerweise soll der Abschuss so früh wie möglich erfolgen, d. h. gleich nach Aufgang der Jagdzeit auf weibliches Wild und Kitze. Dadurch kommt dem verbleibenden Stück die gesamte Muttermilch zu. Das verbleibende Kitz kann sich gesund und kräftig entwickeln.

Starke Ricke

115 >>

Starkes Rickenkitz

116 >>

Geringes Bockkitz

117 >>

Schwache Ricke mit zwei schwachen Kitzen

Die Abbildungen zeigen eine schwache Rehwildfamilie, die nicht dem Bewirtschaftungsziel entspricht. Abschusskriterien fordern einen Abschuss der ganzen Rehwildsippe. Zuerst sind aber die Kitze zu erlegen und danach erst die Ricke. Bei einer Ricke mit drei Kitzen wird grundsätzlich immer die gesamte Familie erlegt.

Schwache Ricke

118 >>

Schwache Kitze

119, 120 >>

Gehörnte Ricken

Gehörnte Ricken kann man gewöhnlich an kleinen Erhebungen unter der Kopfhautdecke oder an geringen mehr oder weniger langen Stangenansätzen erkennen. Diese Stangenansätze, bei denen Rosenausbildungen angedeutet oder vorhanden sein können, sind oft noch mit Decke oder auch Bast überzogen. In seltenen Fällen entstehen auch Stangen mit einer Länge von mehreren Zentimetern, die gefegt oder ungefegt sind und zum Teil auch einen Perückenansatz zeigen; das ist aber selten.

Auch Wülste an einer oder auch an beiden Stangenbildungen erscheinen wie kleine Blasen. Sie bestehen aus massiver Knochenmasse oder auch aus schwammigem Knochengebilde. Die Gehörnentwicklung kann auch der eines Knopfbocks ähnlich sein. Gehörnte Ricken findet man gewöhnlich unter den älteren oder überalterten Stücken, die kein Kitz mehr gesetzt haben. Es gibt aber auch andere Nachweise, bei denen gehörnte Ricken noch Kitze setzen.

Die Gehörnentwicklung hängt wahrscheinlich mit Veränderungen des Hormonspiegels, speziell der Geschlechtshormone, zusammen.

„Trophäen" von gehörnten Ricken

121, 122, 123 >>

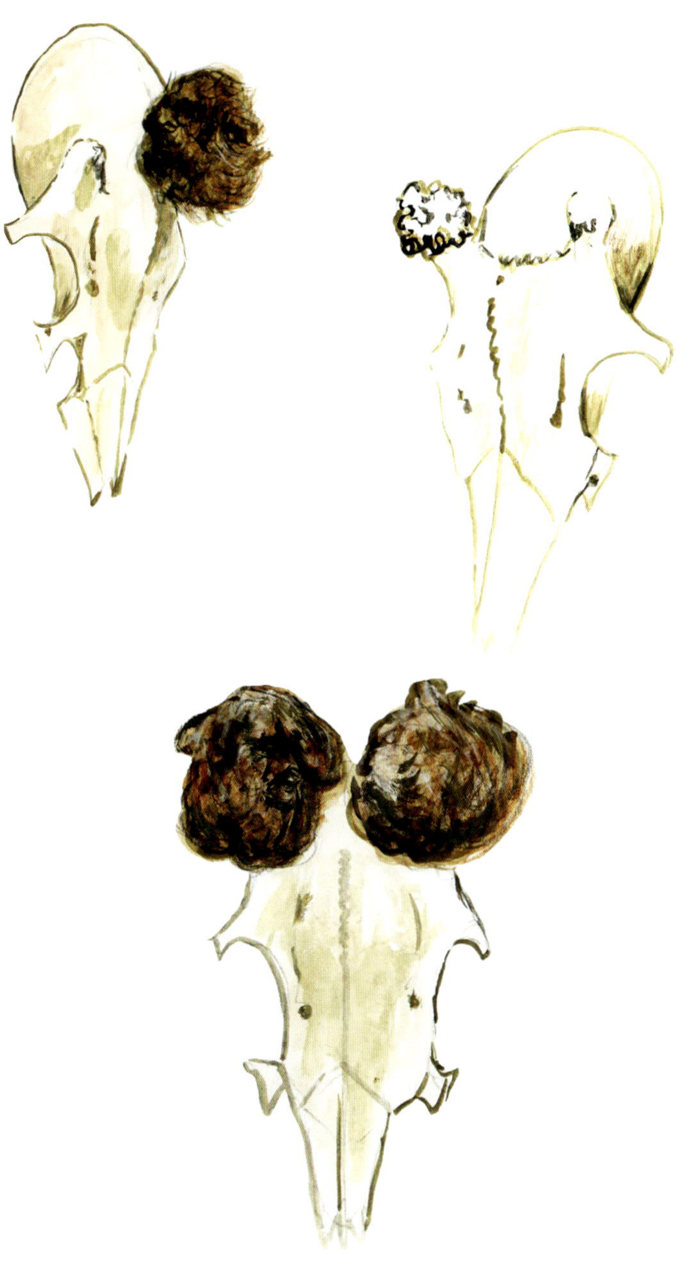

Fährte des Rehwildes

Die zierlichste Fährte von Schalenwild, die in einem Jagdgebiet zu finden ist, ist die des Rehwildes. Sie erscheint als „Kleinausgabe“ der Rotwildfährte. Eine Verwechslung der Rehfährte mit den Fährten einer anderen Schalenwildart ist auf Grund der kleinen Dimensionen der Rehwildfährte ausgeschlossen. Es besteht aber zwischen der Stärke des Trittsiegels eines älteren Rehs und eines Damwildkalbes eine gewisse Ähnlichkeit. Beim Ansprechen ist daher auf folgende Merkmale zu achten:

- Das Reh ist gewöhnlich ein Einzelgänger; die Ricke steht mit ihrem Kitz oder Kitzen zusammen; vor der Blattzeit sieht man oft Jährling und Schmalreh zusammen.
- Das Trittsiegel des Rehwildes ist länglich-herzförmig.
- Die Entfernung des Geäfters von den Ballen ist beim Rehwild am größten – und wenn überhaupt – besonders deutlich in der Fluchtfährte oder bei entsprechenden Bodeneigenschaften zu erkennen.
- Das Reh ist sehr hochläufig, hat dadurch im Verhältnis zur Körpergröße eine relativ lange Schrittweite.

Beim Bock ist der Vorderlauf deutlich stärker als der Hinterlauf. Die Trittsiegel sind zierlich und länglich-herzförmig. Auf hartem Boden werden nur die Schalenspitzen und die vorderen Schalenränder eingedrückt. Sind die Ballen sichtbar, nehmen sie etwa ein Drittel der Schalenlänge ein. Die Schalenspitzen sind beim Bock etwas geschlossener als bei der Ricke, die Schalen nur etwas größer.

Bei der Ricke ist der Vorderlauf nur wenig stärker als der Hinterlauf. Die Schalen sind bei ihr gespreizt. Die Trittsiegel der Ricke sind geringer als die des Bockes. Auch die Schalen stehen im Vergleich zu denen des Bockes weniger weit auseinander.

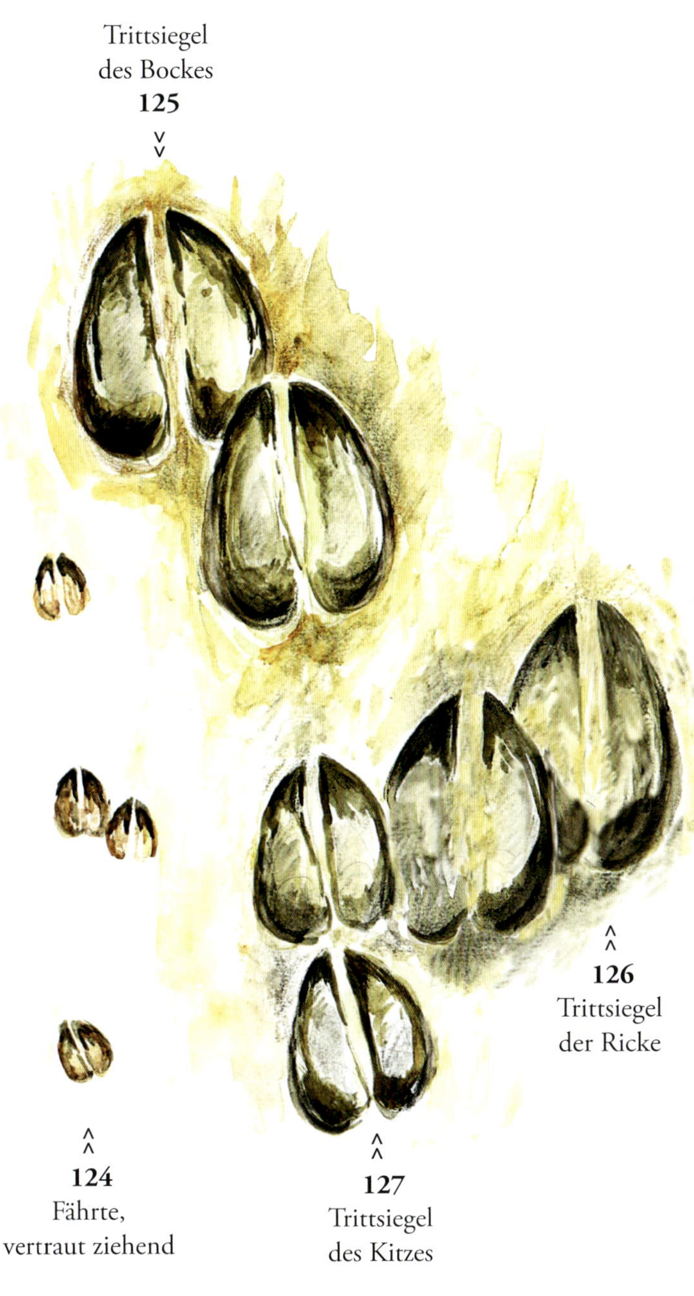
Trittsiegel
des Bockes
125
126
Trittsiegel
der Ricke
124
Fährte,
vertraut ziehend
127
Trittsiegel
des Kitzes

Fährtenbilder

Es gibt nur geringe Größenunterschiede zwischen dem Trittsiegel von Bock und Ricke, so dass das Ansprechen des Geschlechts allein nach der Fährte nicht möglich ist. Ein geringer Bock fährtet sich ebenso stark wie eine alte Ricke. In der Fährte des vertraut ziehenden Stückes stehen die einzelnen Tritte nur gering nach außen und werden fast ineinander gesetzt. Das Schränken ist nur sehr gering ausgeprägt. Die Fluchtfährte ähnelt im Fährtenbild der des Rotwildes.

Da aber das Rehwild auf der Hinterhand etwas überbaut ist, macht es in der Einzelflucht einen Hochsprung. Dadurch entsteht das bekannte „Wippen des Spiegels".

Das Trittsiegel der Fluchtfährte macht deutlich, dass das Rehwild in der Flucht die Schalen stärker als alle anderen Schalenwildarten spreizt. Sehr deutlich und scharf gezeichnet sind die Eingriffe der Schalenspitzen und das Geäfter.

Trittsiegel der Fluchtfährte

128 >>

Fluchtfährte aller vier Läufe

129 >>

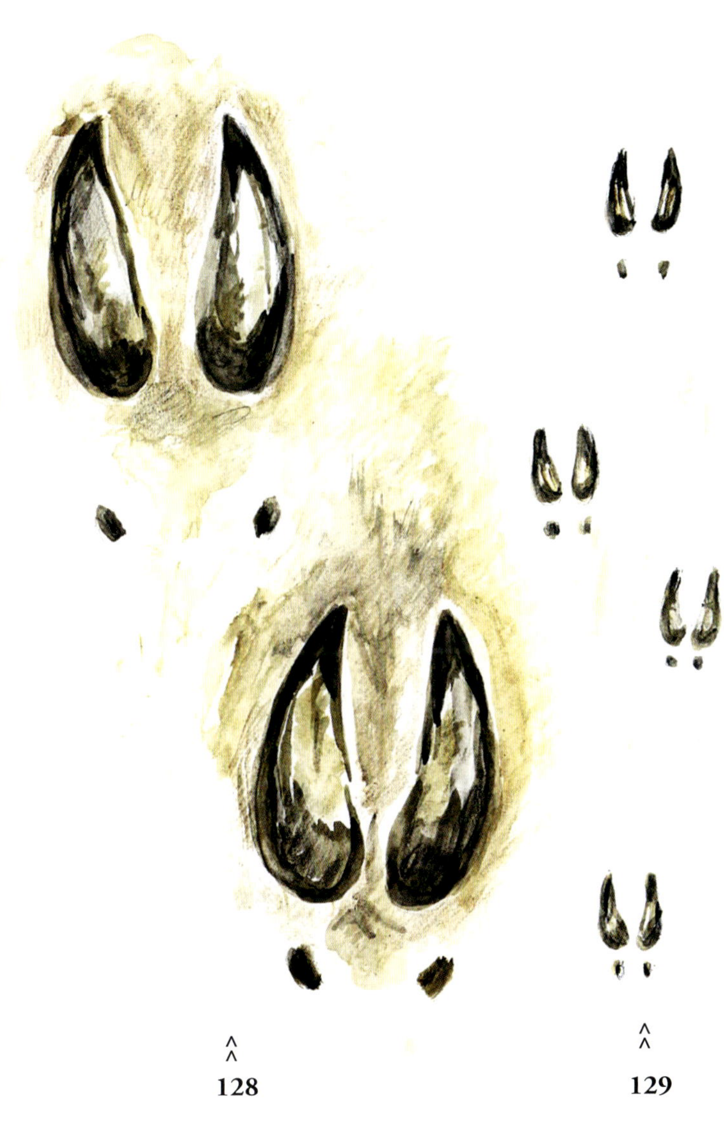

^^
128

^^
129

Losung des Rehwildes

Bei der Rehwildlosung unterscheidet man zwischen Frühjahr-, Sommer- und Winterlosung. Eine auffällige Veränderung gibt es im Frühjahr, wenn die Äsung saftiges Grün enthält. Die Losung ist weich und zusammenhängend. Sie hat dann ein breiiges und schleimiges Aussehen. Die Farbe ist dunkelgrün. Hört die weichmachende Kraft der Frühjahrskräuter wieder auf, verändert sich die Losung mehr und mehr zur Beerenform hin.

Rehwildlosung ist vom Sommer bis in den Winder hinein im frischen Zustand glänzend und hat eine schwarz-braune Farbe. Die Kotbeere ist dann durchschnittlich 12 bis 15 mm lang und 8 mm breit.

Große Unterschiede zwischen den Geschlechtern lassen sich im Allgemeinen nicht erkennen. Jedoch bestehen Größenunterschiede zwischen der Losung von Kitz und Ricke sowie zwischen der Losung der Ricke im Verhältnis zur Losung eines kräftigen Bockes. In schwacher Ausprägung kann – allerdings selten – in Abhängigkeit von der Konsistenz der Äsung sogar die Ausbildung von Zäpfchen und Näpfchen bei beiden Geschlechtern vorkommen.

Frühjahrslosung

130 >>

Winterlosung

131 >>

130

131

Schusszeichen, Schusswirkung und Pirschzeichen

Die Reaktion des Wildes beim Auftreffen des Geschosses auf den Wildkörper nennt man Schusszeichen. Es ist ein erkennbares Zeichnen des beschossenen Wildes, wobei man in vielen Fällen an der Reaktion des beschossenes Stückes erkennen kann, an welchem Körperteil die Kugel angetragen wurde.

Das Geräusch beim Auftreffen des Geschosses, der sogenannte Kugelschlag, wird zur Beurteilung der Lage des Auftreffpunktes herangezogen. Bei den rasanten Geschossen hört man nicht immer den Kugelschlag, weil dieser vom Büchsenknall überdeckt wird. Beim Auftreffen eines Geschosses auf einen Knochen hört man einen hellen, harten Schlag, wird dagegen der Brustkorb getroffen, so ist deutlich ein lauter klatschender Schlag zu vernehmen. Ein Schuss auf das große und kleine Gescheide, der sogenannte Weidwundschuss, erzeugt einen sehr dumpfen Ton. Verstreicht zwischen Büchsenknall und Kugelschlag eine bestimmte Zeit – z. T. hört man in der Zwischenzeit noch ein Zischen –, kann man annehmen, dass überschossen wurde. Dieser Fall tritt selten ein, kann aber unter bestimmten Bedingungen vorkommen.

Beim Eindringen der Kugel in den Wildkörper werden Schockreflexe hervorgerufen, die eine schlagartige Erschütterung des Nervensystems und einen hydrodynamischen Effekt auslösen. Im Bereich des Schusskanals erfolgt eine Sprengwirkung, bei der die flüssigkeitsführenden Organe und Gefäße zerrissen werden.

Die Erschütterung des Nervensystems führt oft sogleich zum Herz- und Kreislaufversagen und somit zum schnellen Tod. Am wirksamsten ist die Schockwirkung, wenn sich das Stück Wild in Ruhe befindet und breit steht, so dass beide Körperhälften durchschlagen werden. Sie ist schlechter, wenn es in der Flucht ist oder ein schlechter Schuss vorausgegangen war, der bereits Organe oder Gefäße geschädigt hat.

Die Schusswirkung ist umso größer, je mehr Energie das Geschoss im Wildkörper abgibt und je mehr lebenswichtige Organe und/oder Blutgefäße zerstört werden. Das Geschoss muss deshalb ausreichend Masse und eine entsprechende Geschwindigkeit haben, damit die notwendige Wirkung – möglichst sofortiges Verenden! – im Wildkörper erreicht wird. Passende Kaliber sind 5,6 bis 8 mm; gut wirkende Geschosse sind nicht zu harte Deformationsgeschosse mit hoher Schock- und Tiefenwirkung bei einer Masse von 5 bis 11 Gramm. Wer die schwächeren auf Rehwild noch zugelassenen Kaliber einsetzt, muss sich seiner hohen Verantwortung bewusst sein. Der Gesetzgeber hat 1000 Joule Geschossenergie im Ziel auf 100 Meter Entfernung (E_{z100}) festgelegt, das setzt in der Regel eine Anfangsgeschindigkeit (V_0) von über 800 m/s voraus. Ideal sind Laborierungen mit deutlich höheren Mündungsgeschwindigkeiten, gerade bei den schwereren Geschossen, so dass im Ziel bei 100 Metern noch eine Auftreffgeschwindigkeit (V_{z100}) von mindestens 800 m/s und damit bei breit stehendem Stück der sogenannte paarige Schockreflex erzielt wird, der bei Kammerschuss mit sehr hoher Wahrscheinlichkeit zum sofortigen Verenden führt und in nahezu jedem Fall auch Ausschuss liefert. Gerade diese ballistisch-physiologische Korrelation ist ein Argument gegen Weitschüsse, soweit die Laborierung die erwünschte Auftreffgeschwindigkeit des Geschosses begrenzt.

Rehwild ist unter den heimischen Schalenwildarten eine relativ kleine Wildart. Die jagdliche Praxis verlangt deshalb, dass mit passendem Kaliber (eher 7 oder mehr mm als 5,6), geeignetem Geschoss [Masse (Energieabgabe), rasche Deformation (Vergrößerung des Geschossdurchmessers auch bei geringem Zielwiderstand) und insgesamt geeigneter Laborierung (V_0, V_z, E_z – Geschwindigkeit, Flugbahn, Auftreffgeschwindigkeit, Tiefen- und Schockwirkung)] verwendet wird. Dann finden wir, sofern das Stück nicht im Feuer liegt, am Anschuss genügend Schnitthaar (noch besser bei Verwendung eines Geschosses mit Scharfrand!) und in der Krankfährte ausreichend Schweiß.

Drei Faktoren sind für den tödlichen Schuss – also die erwünschte Wirkung des Geschosses im Ziel – ausschlaggebend:

Treffpunktlage, Masse und/oder Schock.

Bei richtigem Treffersitz tritt augenblicklich der Tod ein, wenn Masse- und Schockwirkung zusammenkommen; das ist der Idealfall. Grundsätzlich ist es das Ziel des Jägers , das Stück so schnell wie möglich und damit schmerzlos zu erlegen. Das wird vor allem bei Blatt- und Kammerschüssen gewährleistet, sofern die oben genannten Voraussetzungen gegeben sind.

Jeder Treffer hat entsprechend dem Sitz des Geschosses auf dem Wildkörper einen kennzeichnenden Namen. Es werden unterschieden:

– Herz-, Lungen-, Milz- und Nierenschuss,

– Weidwundschuss,

– Haupt-, Träger- oder Rückenschuss,

– Schuss auf den Stich,

– Breit- und Schrägschuss.

Es gibt Zufälligkeiten, bei denen der Jäger nach dem Schuss das Zeichnen des Wildes nicht erkennen kann. Nicht selten zeichnet das Wild bei Weidwundschüssen kaum oder sehr undeutlich, so dass man die Art und den Grad der Verwundung nicht deuten kann. Wichtige Aussage sind dann am Anschuss die Eingriffe des beschossenen Stückes, das gefundene Schnitthaar, der Schweiß oder gefundene Wildbretteile. Das Finden vom Schnitthaar lässt Rückschlüsse auf die Trefferlage zu. Sie belegt, dass und wo das Stück getroffen wurde.

Das bedeutendste Pirschzeichen ist jedoch der gefundene Schweiß. Er ist nicht immer gleich am Anschuss, sondern kann häufig erst nach einigen Fluchten gefunden werden. Abgestreifter Schweiß an Bäumen, Sträuchern, Schilfrohr oder Gras lässt einen Schluss auf die Höhe des Schusses am Wildkörper zu.

Schweißaustritt und Schweißmenge hängen sowohl von der vertikalen Lage des Treffers im Wildkörper (Hoch- oder Tiefschuss) als auch von Ein- und Ausschuss (Verletzung unterschiedlicher je nach Auftreff- und Durchschlagswinkel und Weg) ab. Die Trefferlage kann also anhand des gefundenen Schweißes und der anderen Pirschzeichen erkannt werden.

So analysiert man:

- **Herzschuss.** Reichlich dunkler, blasiger Schweiß, der aber nicht schaumig ist, wenn die Lunge nicht beschädigt wurde. Diesen Schweiß findet man schon am oder gleich hinter dem Anschuss neben der Fährte.

- **Lungenschuss.** Hellorangeroter, blasiger bis schaumiger Schweiß. Er ist, mit Lungenteilchen vermischt, neben der Fährte zu finden.

- **Leberschuss.** Große bis braunrote Schweißtropfen, die sich beim Zerreiben körnig anfühlen. Am Anschuss findet man häufig Leberfetzen, die man am Geschmack und Geruch erkennen kann.

- **Milzschuss.** Tiefroter bis blauroter Schweiß, der in dicken Tropfen neben der Fährte liegt und oft durch Panseninhalt schmutzig gefärbt ist.

- **Wildbretschuss.** Mittel- bis dunkelroter Schweiß, der anfangs sehr reichlich liegt, aber dann in der Fluchtfährte immer weiter abnimmt und später kaum noch gefunden wird.

- **Weidwundschuss.** Hellroter grün-grauer bis bräunlicher dünner, schmutziger Schweiß, der mit Pansen- oder Darminhalt vermischt ist. Am säuerlichen Geruch lässt sich Panseninhalt erkennen. Schweiß ist sofort oder auch erst etwas später in der Wundfährte zu finden.

- **Streifschuss.** Liegt am Anschuss Schnitthaar von der Bauchseite oder der Partie am Brustbein des beschossenen Stückes und wurden im Sog des Geschosses Schnitthaare bis hinter das beschossene Stück mitgerissen, so kann man davon ausgehen, dass das Stück nur gestreift und dabei nicht schwerwiegend verwundet wurde.

  Sicher ist eine solche Annahme, wenn nur einige wenige winzige Haut- oder Unterhautfetzen mit 2 bis 5 Haaren ohne Wildbret- oder Schweißanteile zusammenhalten. Sind Wildbretfetzen von der Bauchunterseite oder vom Brustbein (Stich) zu erkennen, handelt es sich meist doch um eine ernst zu nehmende Schussverletzung. In diesen Fällen findet man bei genauer Untersuchung schon Schweißspritzer am Anschuss oder zumindest nicht allzu weit dahinter. Es kann sich dann um einen Weidwundschuss handeln, bei dem das Geschoss die Bauchdecke leicht angerissen hat. Dann ist aber grünlich- bis bräunlich-grauer Schweiß mit Pansen gleich am oder kurz nach dem Anschuss zu finden.

  Bei nicht geöffneter Bauchdecke oder Brusthöhle, wenn auf relativ langer Strecke (1 bis 2 Meter) hingezogenes Schnitthaar gefunden wird, handelt sich mit hoher Wahrscheinlichkeit um einen leichten Streifschuss, der dem Stück kaum Schaden zugefügt hat. Solche Streifschüsse sind nicht tödlich und heilen in aller Regel schnell wieder aus.

- **Fehlschuss.** Nach dem Schuss zeichnet das beschossene Stück nicht, verhofft mit erhobenem Haupt sekundenlang und wird erst dann oder auch gar nicht flüchtig. Manchmal flüchtet es aber sofort und verhofft mehrmals, um zu sichern. Schreckt das Stück dazu nach dem Schuss noch, so handelt es sich mit höchster Wahrscheinlichkeit um einen Fehlschuss; dennoch wird der Anschuss sehr genau untersucht und zur Sicherheit eine Kontrollsuche durchgeführt.

Merke: Auch bei guten Schüssen finden wir Schweiß nicht immer gleich am Anschuss, sondern erst nach mehreren Fluchten in oder neben der Fährte. Andererseits liegt häufig gleich am Anschuss sehr viel Schweiß, der sich dann im Lauf der Fluchten zusehends verringert und schließlich ganz versiegt. Nachsuchen verlaufen in solcher Situation gewöhnlich ergebnislos. Es handelt sich mit hoher Wahrscheinlichkeit um geringere Wildbretschüsse.

Es ist weidmännische Pflicht, jeden Anschuss aufmerksam zu untersuchen und grundsätzlich eine Kontrollnachsuche – auch wenn sie nur kurz ist – durchzuführen. Dadurch werden unter Umständen unnötige Qualen des beschossenen Stückes und ein Verlust von Wildbret vermieden.

Treffer und ihre Wirkung

Äserschuss. Nicht tödlich, qualvolles Verenden.

Drossel-/Schlundschuss. Nicht tödlich, qualvolles Verenden.

Schuss aufs Haupt. Sofort tödlich, liegt im Feuer.

Trägerschuss Mitte. Sofort tödlich, liegt im Feuer.

Trägeransatz. Sofort tödlich, liegt im Feuer.

Hochblatt. Gewöhnlich sofort tödlich.

Tiefblatt. Herz getroffen, Flucht bis Blutleere im Gehirn, dann Zusammenbrechen.

Stich. Schweiß in der Mitte der Fährte, schwere Nachsuche, oft erfolglos.

Vorderlauf hoch. Knochensplitter, Schweiß versiegt spät, schwierige Nachsuche.

Vorderlauf tief. Knochensplitter, Schweiß versiegt rasch, schwierige Nachsuche.

Rückgrat. Liegt sofort im Feuer, jedoch nicht sofort tödlich, Fangschuss antragen.

Krellschuss. Liegt gewöhnlich sofort im Feuer, schlegelt, wird aber recht schnell wieder hoch und flüchtig, manchmal wenig Schweiß, aber auch unter Umständen am Anschuss sehr viel Schweiß, der sich dann während der Flucht sehr schnell verringert und schließlich versiegt.

Nierenschuss. Liegt im Feuer, versucht vorn hoch zu kommen, sofort Fangschuss.

Pansenschuss. Verendet nach Stunden, krank werden lassen und dann erst nachsuchen.

Kleines Gescheide. Verendet nach Stunden, krank werden lassen und dann erst nachsuchen.

Keulenschuss hoch. Viel Wildbretschweiß, oft Knochensplitter, wenn im Wundbett Fangschuss.

Hinterlauf hoch. Anfangs viel Wildbretschweiß, Knochensplitter, schwierige Nachsuche.

Brustkerndurchschuss. Zum Teil am Anschuss Wildbretfetzen, Schweiß über sehr lange Strecke, Nachsuche i. d. Regel erfolglos.

Schuss durch das Kurzwildbret. Wenig Schweiß. Nachsuche i. d. Regel erfolglos.

132 >>

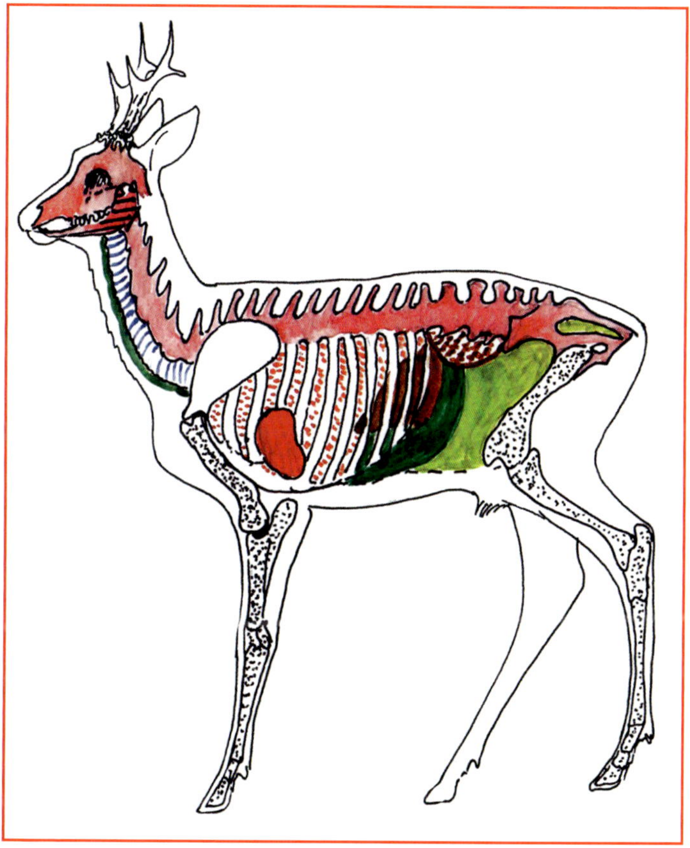

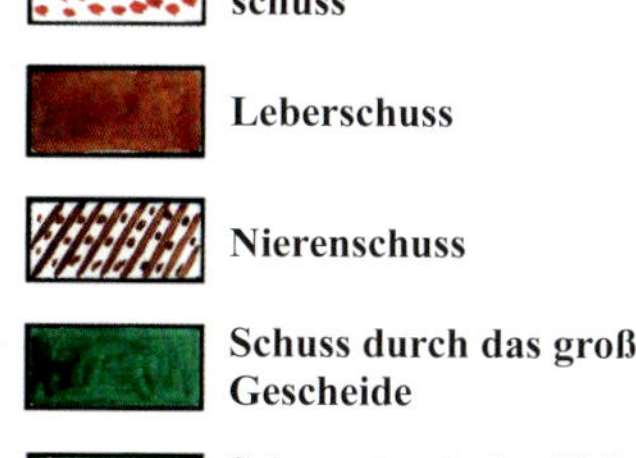

Wildbretschuss

Schuss, bei dem das Wild im Feuer bleibt

Schuss durch Unterkiefer

Schuss durch die Drossel und den Schlund

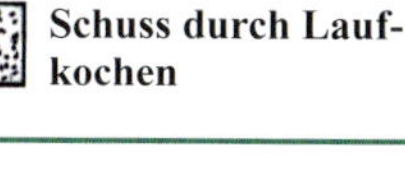

Schuss durch Laufkochen

Blatt- oder Kammerschuss

Leberschuss

Nierenschuss

Schuss durch das große Gescheide

Schuss durch das kleine Gescheide

Schuss Mitte Blatt und Tiefblattschuss

- Geschoss durchschlägt die Herzkammer und verletzt Lunge sowie große Blutgefäße.
- Bei genügender Schockwirkung des Geschosses liegt das Stück im Feuer.
- Mitunter steigt das Wild auch nach dem Treffer hoch auf, bricht entweder sofort zusammen oder geht in Hochflucht, immer niedriger werdend, ab, um dann plötzlich zusammenzubrechen.

133 >>

Schuss kurz hinter das Blatt

- Geschosswirkung ist wildbretschonend.
- Das Stück hebt sich vorn etwas an, steht dann staksig durch die Schockwirkung und bricht schließlich seitlich oder auch nach hinten zusammen.
- Bei schrägen Durchschüssen werden mehrere Organe verletzt, so dass ein sofortiges Zusammenbrechen erfolgt.
- Bei Hochblattschüssen erfolgt eine kurze, gestreckte Flucht mit baldigem Zusammenbrechen und Verenden.

134 >>

Leberschuss

- Stück ruckt merklich zusammen und zieht langsam mit krummem Rücken in die nächste Deckung und verendet dort.

135 >>

Weidwundschuss

- Pansen oder das kleine Gescheide sind durchschlagen.
- Stück schnellt mit den Hinterläufen nach hinten besonders heftig aus, wenn die Kugel weit hinten und tief getroffen hat.

136 >>

Drossel- und Schlundschuss

- Meistens sind mehrere Trägerorgane bis zum großen Blutgefäß verletzt.
- Stück verhofft kurz nach dem Schuss und flüchtet mit vorgestrecktem Hals in die nächste Deckung.
- Bäumt sich das Stück nach längerer Fluchtstrecke plötzlich vorn auf, ist das ein Zeichen für Atemnot und Erstickung durch Schweißeintritt in die Drossel.
- Werden starke Blutgefäße mit verletzt, erfolgt ein baldiges Zusammenbrechen durch Blutleere im Gehirn.
- Am Anschuss ist oft nur wenig schleimiger Wildbretschweiß zu finden.

137 >>

Krellschuss

- Werden auf dem Rücken oder vor dem Träger die Dornfortsätze oder sogar das Gehörn getroffen, ohne dass dabei die Wirbelsäule oder das Haupt verletzt werden, bricht das getroffene Stück zusammen.
- Das Stück liegt kurz auf dem Rücken und schlegelt mit den Läufen.
- Es kommt wieder hoch, taumelt hin und her und wird dann flüchtig.
- Das Stück wird nur selten gefunden.
- Gewöhnlich heilt die Wunde wieder völlig aus.

138 >>

Vorderlaufschuss/-bruch

- Stück bricht über den durchschossenen Vorderlauf zusammen, wird schnell wieder hoch und flüchtet mit schlenkerndem Lauf.
- Werden beide Vorderläufe durchschossen, bricht das Stück vorn zusammen und versucht auf den Stümpfen durch Nachschieben mit den Hinterläufen fortzukriechen.

139 >>

Hinterlaufschuss/-bruch

- Stück bricht hinten über den zerschossenen Lauf zusammen und flüchtet schwerfällig mit schlenkerndem Hinterlauf.

140 >>

Schweiß nach ausgewählten Treffpunktlagen

141 >> Herzschweiß – frisch

142 >> Herzschweiß – älter als 10 Stunden

143 >> Lungenschweiß

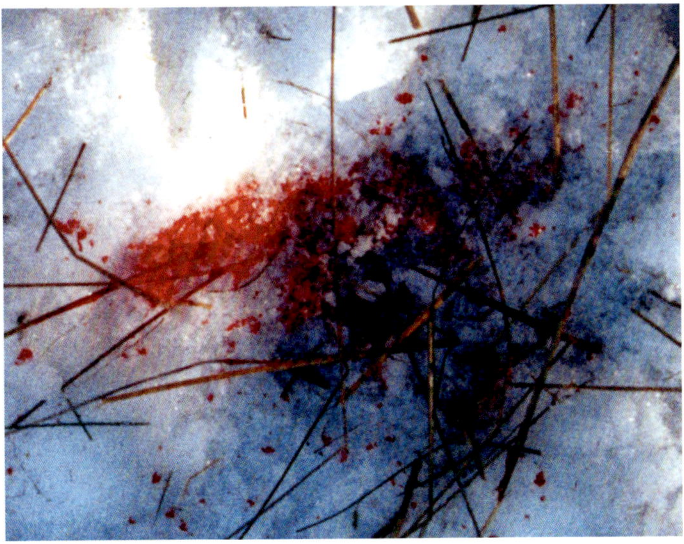

144 >> Lungenschweiß im Schnee

145 >> Leberschweiß

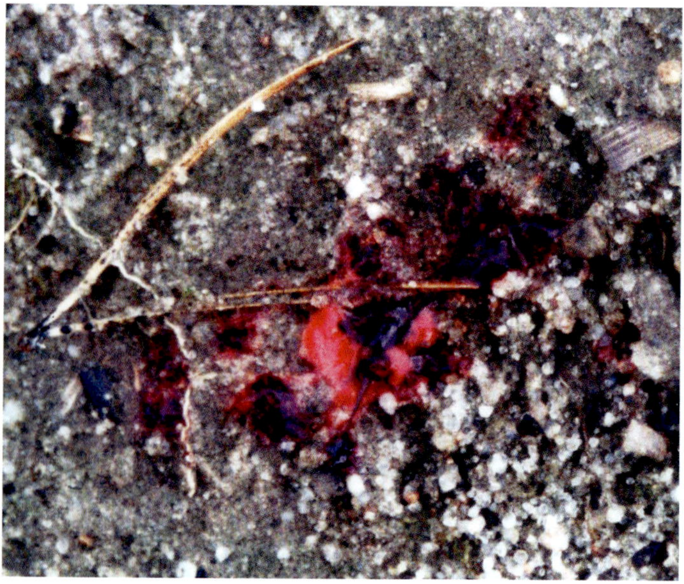

146 >> Leber- und Lungenschweiß – vermischt mit Teilen von Leber und Lunge

147 >> Wildbretschweiß – stark

148 >> Wildbretschweiß – schwach am Boden

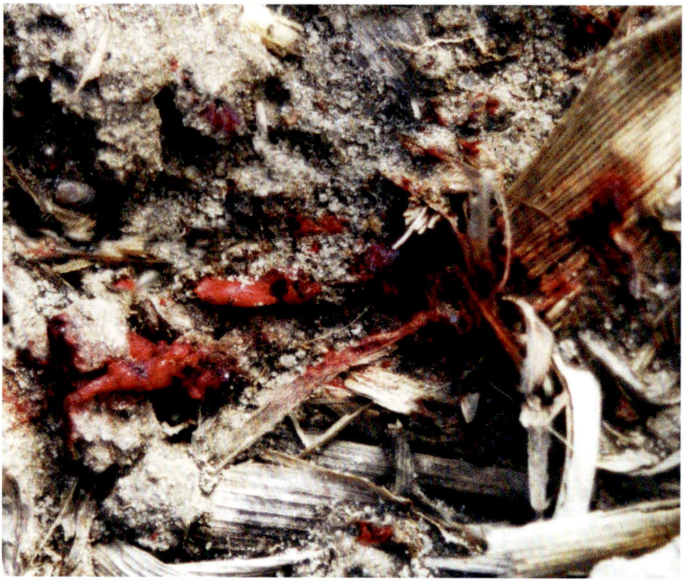

149 >> Wildbretschweiß – mit Wildbretfetzen

150 >> Wildbretschweiß – Wildbretfetzen am Boden

151 >> Wildbretschuss – Wildbretfetzen an Grashalmen

152 >> Treffer unterhalb des Nierenbereiches – Schweiß mit herausgesogenem Weißen

153 >> Weidwundschuss – Mageninhalt

154 >> Weidwundschuss – Schweiß mit Mageninhalt

155 >> Unterkieferschuss – Schweiß ist aus der Fährte weit nach links und rechts geschleudert

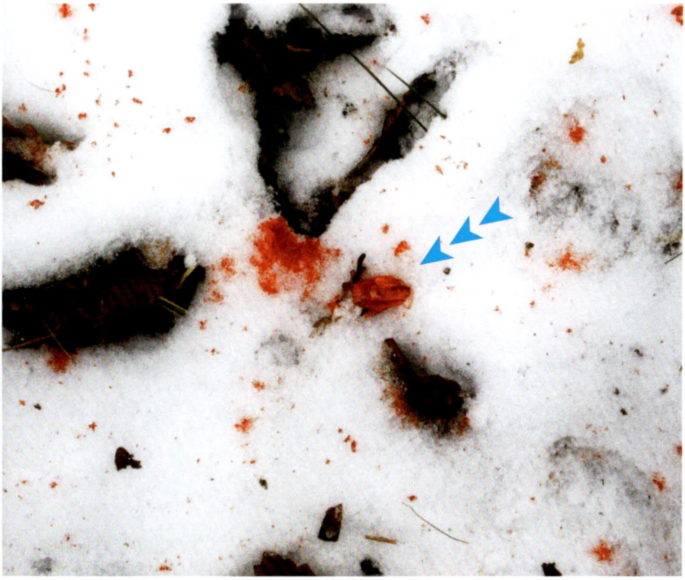

156 >> Unterkieferschuss – mit Teilstück eines Zahnes (Pfeile)

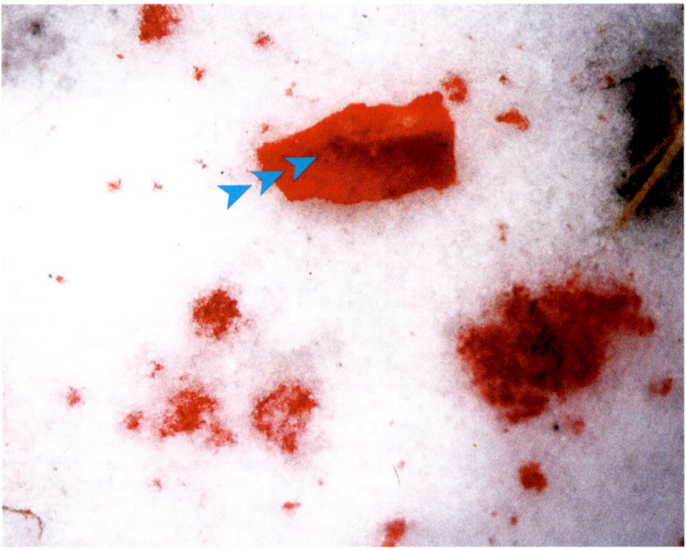

157 >> Unterkieferschuss – mit abgesplittertem Teilstück von der Unterkieferzahnleiste (Pfeile)

158 >> Streifschuss hoch – Schnitthaarbüschel aus der Rückenpartie

159 >> Streifschuss tief – lang hingezogenes Schnitthaar von der Bauchunterseite

160 >> Schnitthaar nach Tiefschuss – ohne Wildbretteile an den abgeschossenen Bauchhaaren

Bejagung des Rehwildes

Die verschiedenen Jagdarten auf Rehwild stützen sich auf die gesammelten Kenntnisse und vielseitigen praxiserprobten Erfahrungen. Der Jäger betrachtet die jeweilige Jagdart als Methode zur zielgerichteten Bewirtschaftung dieser Wildart, die er zur Erfüllung seiner Abschussvorgaben auswählt.

Die Ruhe im Jagdrevier ist dabei die beste Voraussetzung zum Ansprechen und ist zielführend bei der Bejagung. Zur artgerechten Bejagung gehören auch biologische Kenntnisse, insbesondere über das Verhalten und die Sinnesorgane des Rehwildes, denn Geruch-, Gehör- und Gesichtssinn sind bei dieser Wildart sehr gut ausgeprägt.

Nicht immer kann man einen bestimmten Ansitz zur Ausübung der Jagd wählen, denn wenn z. B. die Wind- und/oder Luftbewegung zu den Wechseln hinzieht, wird das Rehwild beim Heraustreten gestört. Im Revier werden die Winde und jegliche noch so geringe Luftbewegung in die Öffnung der Waldbestände, der Wege und der Blößen hineingetragen. Am Waldrand wechselt die Luftströmung meist in andere Richtungen, oft auch am Boden wieder in den Bestand hinein. Solche Winde nennt man auch überkippende Winde.

Auf Blößen inmitten von Hochwald- oder auch Dickungsbeständen sowie bei Feldeinschnitten, die von Wald begrenzt sind, zieht die Luft häufig im Kreis herum. Das sind sogenannte Küsel- und Kesselwinde.

Die unterschiedlichen Luftbewegungen und ihre aktuellen Veränderungen zu kennen ist eine Vorraussetzung des Jägers, um seinen Ansitz oder Pirschgang entsprechend optimal gestalten zu können. Er muss also bei seiner gewählten Jagdart darauf achten, dass er den „Sinnen" des Wildes verborgen bleibt, denn durch die Luftbewegung wird das sich annähernde oder heraustretende Wild vorzeitig gewarnt. Rechtzeitiges und ruhiges Eintreffen am Ansitz und die geräuschlose Einnahme des Ansitzplatzes sind für eine erfolgreiche Jagd unabdingbar.

Die Jagd wird als Einzeljagd oder auch als Gesellschaftsjagd unter Mithilfe von Jagdhelfern mit oder auch ohne Stöberhunde durchgeführt.

Bewährt haben sich:

- Ansitzjagd,
- Pirschjagd,
- Blattjagd,
- Bewegungsjagd in Feldgebieten.

Rehwild wird gelegentlich bei Drückjagd, Ansitz-Drückjagd sowie bei Bewegungsjagden im Wald unter Einsatz von Stöberhunden mitbejagt.

Ansitzjagd

Die Ansitzjagd ist die Jagdart, bei der sich der Jäger im ruhigen Ansitz befindet und die Annäherung des Wildes erwartet. Sie ist auch die Methode, die am meisten angewandt wird, weil bei ihrer Durchführung das Wild am wenigsten beunruhigt wird. Das Ansprechen kann bei dieser Ansitzart in aller Ruhe fachgerecht erfolgen. Sie ist deshalb die Hauptjagdart auf Rehwild und sollte es auch bleiben, weil die erforderlichen Hegemaßnahmen damit am erfolgreichsten umgesetzt werden können.

Als Ansitze eignen sich Hochsitze in Form von offenen und geschlossenen Kanzeln mit einer Höhe bis zur Bodenplatte von 3 bis 4 m. Eine Kanzel muss bequem sein, aber vor allen Dingen den Sicherheitsbestimmungen entsprechen, damit der Jäger längere Zeit diese jagdliche Einrichtung begehen kann. Mit dem Hochsitz ist man in der Regel von der Wind- bzw. Luftbewegung weitgehend unabhängig und hat eine bessere Deckung.

Ansitzeinrichtungen werden in der Nähe der Äsungsflächen und der bekannten Wildwechsel aufgestellt. Weitere Ansitzeinrichtungen sind Ansitzschirme, Ansitzerdlöcher, Ansitzleitern und fahrbare geschlossene Ansitzwagen. Alle Ansitzeinrichtungen sollten dem Landschafts- und Waldbild weitgehend angepasst sein.

Pirschjagd

Die Pirschjagd erfordert auch beim Rehwild sehr viel Aufmerksamkeit. Der Erfolg der Pirsch ist gesichert, wenn der Jäger vom Wild unbemerkt und nah genug heranpirschen kann. Das setzt sehr gute Revierkenntnisse und selbstverständlich auch Wissen über Einstände und Wechsel voraus. Ebenso wichtig ist es, die Zeiten, in denen Rehwild mit hoher Wahrscheinlichkeit angetroffen wird, zu kennen. Eine Pirsch erfolgt hauptsächlich in den Morgenstunden, wobei von 7.00 bis 9.00 Uhr ein günstiger Zeitraum ist. Möglich ist auch eine Mittagspirsch, weil Rehwild in dieser Zeit noch eine Äsungsperiode hat und wieder Äsungsflächen aufsucht. Eine Abendpirsch ist abzulehnen, denn sie ist gewöhnlich wenig erfolgreich. Sie bringt das schon bestätigte Rehwild durcheinander und vergrämt es noch zusätzlich.

Der Pirschjäger sucht die Umgebung seines Pirschgangs, auf dem er Rehwild vermutet, sorgfältig ab. Er bewegt sich dabei geräuschlos auf Wegen, Schneisen und Pirschsteigen. Es gilt der Grundsatz: „Mehr stehen als gehen und dabei sorgfältig beobachten." Gleichzeitig sind die Wind- und Luftbewegungsrichtungen zu beachten. Beim „Mit dem Wind gehen" ist kaum mit einem Erfolg zu rechnen. Kann man wenigstens den „halben Wind" nutzen, ist eine Pirsch unter diesen Bedingungen grundsätzlich vorzuziehen. Wo immer es geht, sollte aber gegen den Wind („unter Wind") gepirscht werden.

Beim Anblick eines Bockes oder eines anderen Stückes Rehwild ist Ruhe zu bewahren und genügend Zeit zum Ansprechen zu nehmen. Gleichzeitig ist gegebenenfalls der Abschuss eines Stückes vorzubereiten. Ist die Schussentfernung zu groß, erfolgt mit äußerster Vorsicht und Ruhe ein weiteres Heranpirschen unter Beachtung von vorhandener Deckung.

Das schnelle Ansprechen oder auch die überhastete Abgabe eines Schusses bringt oft nicht den gewünschten Erfolg. Das Stück ist dann entweder schlecht angesprochen oder schlecht getroffen; möglich ist auch ein Fehlschuss. Bei der Pirschjagd sollte man schon ein sicherer Freihandschütze sein, dessen Fähigkeit auf die noch günstige Schussentfernung (70 bis maximal 120 m) ein sicheres und weidgerechtes Treffen garantiert. Unter Einsatz eines Zielstockes oder eines Ziel-Zwei- oder Dreibeines als Zielhilfen kann ein Schuss sehr viel sicherer angetragen werden, dies gilt insbesondere für Schüsse auf weitere Distanz. Die Zielhilfe soll eine dem Jäger angepasste Höhe und am oberen Ende eine Gabel zum Einlegen des vorderen Teiles des Gewehrschaftes haben.

Im Vergleich zum Anschlag „Stehend freihändig“ unterstützt das Hinknien ebenso die Sicherheit beim freihändigen Schießen wie das Hinsetzen. Der Anschlag „Sitzend aufgestützt“, bei dem die Ellenbogen auf der Außenseite der Oberschenkel ruhen, ist jedoch sicherer. Wenn wir im Sitzen zusätzlich an einem Baum anstreichen können, bringt das noch mehr Ruhe ins Abkommen. Wo immer die Situation es erlaubt, nutzen wir in unmittelbarer Nähe stehende Bäume für den relativ sicheren Schuss aus dem Anschlag „Stehend angestrichen“.

Blattjagd

Die Blattjagd ist eine eindrucksvolle und vielseitige Form der Lockjagd. Um eine gekonnte Lockjagd praktizieren zu können, sind Kenntnisse über die natürlichen, vielseitigen Laute des Rehwildes und das Beherrschen der Nachahmung unbedingte Voraussetzungen. Fachgerecht ausgeführt, ist die Blattjagd eine effektive Jagdmethode.

Die Lockjagd auf den Rehbock während der Brunft erfolgt im Zeitraum Mitte Juli bis Mitte/Ende August. Die „Hochblattzeit“ beginnt etwa nach dem 20. Juli und umfasst noch die erste Augusthälfte. Gewöhnlich ist es in dieser Zeit sehr sonnig und demzufolge auch sehr warm. Das sind auch gute Voraussetzungen für eine gute Brunft. Auch Gewitterniederschlag mit nachfolgendem Sonnenschein bietet optimale Bedingungen. Kühle Tage mit Wind und regnerisches Wetter sind ungünstig für den Erfolg dieser Jagdmethode.

Zum imitierten Rehruf, dem Fiepen, werden handelsübliche Mund-Rehblatter, die aus einem Holz- oder Kunststoffkörper mit einer Metallzunge und einer Stellschraube bestehen, und/oder der „Buttolo"-Gummiblatter genutzt. Verwendet werden – wie in alter Zeit – vom Könner auch frische Laubblätter, z. B. von der Rotbuche sowie Roggen- und Grashalme und sogar kleine Stücke von Rinderhäuten, und einige Spezialisten blatten sogar mit Geldscheinen vorzüglich.

Besondere Beachtung verdient das „Kombinations-Blattinstrument" von Klaus Weißkirchen. Mit diesem neuen Blatter kann man Kitzangstruf, Kitzfiep, Schmalrehfiep, Rickenfiep, Sprengfiep und den Rickenangstfiep, das sogenannte Eifersuchtsgeschrei, nachahmen. Unter Eifersuchtsgeschrei versteht man die kräftigen Angstlaute der vom treibenden Bock hart bedrängten Ricke, die dann die Eifersucht eines Bockes in Rufweite entfachen und diesen zum Zustehen reizen. Wer eines der erstklassigen Blattjagdseminare von Klaus Weißkirchen besucht, wird künftig sicher mehr Erfolg bei dieser attraktiven Jagdart haben (siehe hierzu auch das Buch sowie das Video von Klaus Weisskirchen mit dem Titel „Faszination Blattjagd", die beide im Verlag **Neumann-Neudamm** erschienen sind).

Die Blattjagd kann – je nach den Revierverhältnissen und der Situation im Verlauf der Lockjagd – auch als Kombination von Ansitz und Pirsch ausgeübt werden. Dabei sind größte Vorsicht und ruhiges Verhalten notwendig, denn Rehwild nimmt sehr schnell Bewegungen war und besitzt ein ausgezeichnetes Witterungsvermögen.

Durch kräftiges Plätzen und Schlagen markiert der Bock schon im Juli sein Revier. Junge Weichholzarten, wie Kiefer, Lärche, Fichte, Douglasie, Wacholder, Erle, Weiden und auch andere Holzarten werden gefegt.

Auf den Bock pirscht man nur mit guten Wind. Wald mit Altholzbeständen, Stangenhölzern, lockere Verjüngungen mit Fehlstellen sind bevorzugte Erscheinungsorte eines Bockes. Führt man die Blattjagd im Feld durch, stellt man vorsichtig eine transportable Ansitzleiter oder einen leicht transportablen Schirm dorthin, wo man Rehwild gespürt hat. Ebenso sind Ansitze an Schlaggrenzen von Getreide und anderer niedriger Feldkulturen von Vorteil. Dabei ist stets auf ein Verblenden der Ansitzeinrichtung zu achten.

Auch für den Wahlabschuss des weiblichen Rehwildes und der Kitze im Herbst kann die Lockjagd genutzt werden. Mit dem „Kitzfiep" lässt sich die Ricke anlocken, der sogenannte „Angstschrei" des weiblichen Wildes und der „Kitzangstschrei" bringt Rehwild fast immer zum Verhoffen.

Wer die Lockjagd betreiben will, muss sich darüber im Klaren sein, dass jeder Missbrauch beim Blatten, z. B. falsche Töne oder fortgesetztes Fiepen, das Rehwild nicht anlockt, sondern eher verwirrt und rasch vergrämen kann.

Viele Jäger meinen, sie müssten zum Blatten möglichst mitten im Einstand des Bockes sitzen oder gar dort pirschen, damit er die Locklaute auch hört. Das ist in der Regel falsch, denn das Betreten des Einstandes birgt immer das Risiko, vom Wild frühzeitig bemerkt zu werden. Wir blatten, ohne den Einstand zu beunruhigen, nicht in unmittelbarer Nähe der Reviergrenzen, sondern – wann immer vom guten Wind her möglich – etwa in der Mitte des Reviers. Die richtigen Blattlaute tragen sehr weit, und das Gehör des Rehwildes ist sehr gut ausgeprägt. Außerdem „verhören" die brunftigen Böcke ihr Revier in dieser Zeit sehr aufmerksam und sind ohnehin ständig auf den Läufen, um brunftige Stücke zu suchen.

Bewegungsjagd in Feldjagdgebieten

Feldjagdgebiete mit großflächigen Ackerflächen mit mehr oder weniger eingegliederten kleinen Waldflächen, Remisen, Heckenstreifen und gegebenenfalls von Feldflächen umgebene Schilfpartien bieten sich im Herbst an, um dort eine Bewegungsjagd auf Rehwild durchzuführen. Ziel einer solchen Jagd ist es, einen selektiven Abschuss von Kitzen und weiblichem Rehwild zur Erfüllung von Abschuss- und Bewirtschaftungsmaßnahmen zu erreichen. Zu dieser Zeit stehen die Rehe noch in kleinen, aber auch schon in mehr oder weniger größeren Sprüngen zusammen, so dass Vergleiche beim Ansprechen mühelos vorgenommen werden können. Ein gezielter Hegeabschuss ist dadurch möglich.

Vorausgesetzt wird, dass eine solche Bewegungsjagd immer örtliche Gegebenheiten berücksichtigt. Erschwert wird sie oft dadurch, dass in Gebieten mit wenig Einstands- und Deckungsmöglichkeiten die Sprünge weit im Feld stehen. Die Reviererfahrung des Jagdleiters ist für die Vorbereitung einer solchen Jagd eine unumgängliche Voraussetzung, denn sie bestimmt die Erfolgsquote wesentlich.

Grundsätzlich sollten in einem gut bewirtschafteten Feldjagdgebiet an allen sich anbietenden Örtlichkeiten jagdliche Einrichtungen vorhanden sein. Deshalb sollten an Einzelbäumen, Baumgruppen, Eckpunkten von Feldgehölzen sowie Heckenstreifen jagdliche Einrichtungen, z. B. Leitern oder geschlossene Kanzeln stehen. Aber auch mitten in die weiten Feldflächen gehören – nach Absprache mit den Landwirten – jagdliche Einrichtungen. Es bewähren sich fahrbare Ansitzkanzeln, die zu jeder Zeit schwerpunktmäßig umgesetzt werden können. Das hohe Ansitzen ist schon aus Sicherheitsgründen notwendig, weil dann der Schuss immer von oben nach unten geführt wird. Deshalb sind Ansitzmöglichkeiten zur ebenen Erde, wie Schirme, bei einer Bewegungsjagd im Feld mit einer größeren Anzahl von Jägern und Jagdhelfern nicht zulässig. Bei dunstigem Wetter sind nur kurze Entfernungen bis zum Anschuss erlaubt. Dabei muss das Stück trotz der leichten Sichtbehinderung sicher angesprochen werden. In frühen Morgenstunden, z. B. im Monat November zwischen 6.00 bis 6.30 Uhr, also noch im Dunkeln, sind die Ansitze zu besetzen. So kann das zu oder von den Äsungsflächen anwechselnde Rehwild erwartet werden. Auf großflächigen Einstandsflächen stehen oder liegen Rehe manchmal weit vom Ansitz entfernt in mehr oder weniger großen Sprüngen. Nach Tageseinbruch ist dann der Zeitpunkt gekommen, die Sprünge in Bewegung zu bringen. Das ist etwa in der Zeit zwischen 8.00 und 9.00 Uhr.

Das Anrühren der Rehwildsprünge erfolgt grundsätzlich ohne Hunde mit nur wenigen ortskundigen, gut eingewiesenen und versierten Jagdhelfern. Das sollten Jagdgenossen aus der jeweiligen Jagdgenossenschaft sein, sie kennen die Gemarkung am besten. Aufgrund ihrer Beobachtungen und Erfahrungen wissen sie, wie die Sprünge effektiv angegangen werden können, um sie in Richtung der Ansitze in Bewegung zu bringen.

Das Rehwild soll dabei nicht hochflüchtig werden, sondern in Ruhe einen Standortwechsel vornehmen. Der Jäger hat dann die Möglichkeit, während des ruhigen Heranziehens eine selektive Wahl zu treffen, bevor er ein Stück erlegt.

Wird Wild vor dem Erlegen längere Zeit gestresst, beeinträchtigt das die Qualität des Wildbrets. Deshalb werden für die Jagdhelfer Ausgangspunkte und Beunruhigungsbereiche im Vorfeld festgelegt. Dabei werden die Sprünge nicht immer direkt angegangen, sondern durch gezieltes Anschneiden der Ruheräume dem Schützen zugetrieben. Sie durchlaufen dabei kleine Remisen und sonstige Einstände im zugewiesenen Beunruhigungsbereich, in dem sich z. T. schon Rehe eingeschoben haben. Bleiben Sprünge dann noch – oder schon wieder – in der Mitte der Feldmark stehen, wird ein nochmaliges Angehen notwendig.

Ist die Beunruhigung beendet, sollte noch eine Zeitphase abgewartet werden, weil Rehwild gewöhnlich wieder zurück und damit an den Schützen vorbeiwechselt. In der Zeit zwischen 10.00 und 11.00 Uhr wird die Jagd beendet.

Ansitz-Drückjagd

Die Ansitz-Drückjagd vereint die Vorteile von Ansitzjagd und Drückjagd. Durch großflächiges Ansitzen von Jägern an Schneisen, Wildwechseln und gut übersehbaren Altholzbeständen wird die Jagdmethode praktiziert. Die Ansitzzeit geht über mehrere Stunden, wobei in dieser Zeit der angesetzte Schütze aus Sicherheitsgründen seinen zugewiesenen Ansitz keinesfalls verlassen darf.

Zum Ansitzen werden die im Bejagungsbereich vorhandenen jagdlichen Einrichtungen besetzt. Das sind gewöhnlich Ansitzschirme, Ansitzböcke, Ansitzleitern und vorhandene Ansitzkanzeln. Etwa vierzehn Tage vor der Jagd sind im Revier jagdliche Störungen zu vermeiden. Das Besetzen der Ansitzhilfen muss am Jagdtag so ruhig wie nur möglich erfolgen: Gejagt wird nach Zeit; nach Einnahme der Stände kann bereits anwechselndes Wild, unter Beachtung der Sicherheitsregeln, beschossen werden. In festgelegten zeitlichen Abständen werden dann die vorab gut eingewiesenen Jagdhelfer in ihren zugeteilten Räumen angestellt, die sie behutsam bis zum Ende der Jagd beunruhigen.

Ein langsames Anwechseln des Wildes vor den Schützen ist das Ziel der Beunruhigung durch die Jagdhelfer. Das Wild wird weidgerecht angesprochen und mit sauberem Schuss erlegt. Hochflüchtiges Wild kann kaum korrekt angesprochen werden. Durch schlechte Schüsse wird das wertvolle Wildbret entwertet. In Dickungen, in denen Sauen vermutet werden, sollten im Einzelfall zur Unterstützung gut ausgebildete spurlaute Stöberhunde eingesetzt werden. Schnelle, hochläufige Hunde oder ausgesprochene Wildhetzer sind unbrauchbar und vom Jagdeinsatz auszuschließen.

Bei einer Ansitz-Drückjagd werden gewöhnlich mehrere Wildarten bejagt, daher sollte sie auf einer größeren Fläche erfolgen. Die Vorbereitung einer solchen Jagd ist mit dem Jagdnachbarn abzusprechen. Die Ansitz-Drückjagd wird dann zweckmäßigerweise zeitgleich revierübergreifend durchgeführt.

Eine qualifizierte Vorbereitung und Durchführung dieser Jagdmethode ist dadurch gekennzeichnet, dass Stücke mit treffsicheren Schüssen zur Strecke kommen. Eine hohe Strecke von Alttieren und nach den Drückjagdtag eine hohe Anzahl von verwaisten Kälbern, Lämmern, Kitzen und Frischlingen zeugen von mangelnder Disziplin der beteiligten Schützen. Nicht das unbedingte Streckemachen steht im Vordergrund, sondern der bedachte Schuss bringt eine gute, d. h. die gewünschte Strecke. So sichert man den gewünschten Altersklassenaufbau, verhindert erschwerte Nachsuchen und vermeidet Wildbretverluste.

In den Herbst- und Wintermonaten sollten nicht mehr als ein bis zwei gut organisierte und verantwortungsvoll durchgeführte Ansitz-Drückjagden in ein und demselben Jagdgebiet durchgeführt werden.

Drückjagd

Eine Drückjagd ist nicht als spektakuläre jagdliche Großveranstaltung zu verstehen. Sie ist mit wenigen Jägern und mit einem oder zwei ortskundigen Jagdhelfern durchzuführen. Schnelle, hochläufige Jagdhunde sind für solch einen Jagdeinsatz ungeeignet, denn sie treiben das im Einstand stehende Wild gewöhnlich hochflüchtig heraus.

Bei der Drückjagd stellen sich die Schützen in unmittelbarer Nähe an die Wechsel. Die Jagdhelfer gehen ohne großen Lärm und gegen den Wind durch den Einstand. Das angerührte Wild verlässt dann ruhig auf seinen Wechseln die Dickung.

Bewegungsjagd mit Stöberhunden

Rehwild wird nur gelegentlich bei einer Bewegungsjagd mit Stöberhunden mitbejagt.

Der Ablauf einer Bewegungsjagd mit Stöberhunden ähnelt dem einer Ansitz- und Drückjagd, wobei die Stöberhunde, die sonst eingesetzten Jagdhelfer ersetzen. Wie viele Stöberhunde zum Einsatz kommen, hängt von vielen Faktoren ab, z. B. von der Größe des Bejagungsgebietes, von der hauptsächlich zu bejagenden Wildart – z. B. hauptsächlich auf Sauen, weniger auf Reh-, Dam-, Muffel- und Rotwild – von der Nähe zu Verkehrswegen und Jagdgrenzen sowie der Struktur der Einstände. Der Jagdleiter beachtet all diese Bedingungen bei der Vorbereitung.

Um ein Überjagen der festgelegten Bejagungsfläche zu vermeiden, wird eine angemessene Flächengröße gewählt. Es werden nur gut ausgebildete, allein jagende und fährtenlaute Stöberhunde geschnallt. Sie folgen durch anhaltende Arbeit mit tiefer Nase laut dem Wild auf der Fährte, das dann aus Einständen und Deckung vor den weiträumig abgesetzten Schützen erscheint.

Schnelle, hochläufige Hunde oder ausgesprochene Wildhetzer, die nur sichtlaut jagen, sind für diese Jagdart unbrauchbar und auszuschließen. Der Einsatz solcher Hunde ist tierschutzwidrig, denn sie verletzen die Forderung, Wild nur anzustoßen, um es dann ruhig zum Weiterziehen zu bewegen.

Eine Stöberjagd muss tierschutzgerecht ablaufen. Der Einsatz einer Hundemeute, also von Hunden, die nur in der Gruppe jagen, ist nicht zulässig, denn eine geschlossen jagende Meute stresst das Wild vor dem Schuss, und es besteht die Gefahr, dass Wild von Hunden gerissen wird. Wildbret von Wild, das vor dem Erlegen längere Zeit gehetzt wurde, reift weniger gut, die Qualität des Wildbrets kann dadurch hochgradig beeinträchtigt sein.

Die Schützen werden mit ihren Stöberhunden in den zu bejagenden Flächen direkt an den Einständen und Dickungsbereichen angestellt, aber unbedingt unter Beachtung der Entfernungen von Straßen, Eisenbahnlinien und Wohnsiedlungen. Erst durch das Signal des Jagdleiter bzw. nach festgelegter Zeit werden die Hunde vom Stand aus geschnallt. Die Hunde arbeiten dann in unmittelbarer Nähe des Hundeführers. Der Vorteil ist, dass jeder Hundeführer die Arbeitsweise seines vierläufigen Gefährten kennt, und dass dieser in der Regel selbstständig zu ihm zurückkehrt.

Durch den gut geplanten, konzentrierten Hundeeinsatz, wird das Wild ständig in Bewegung gehalten und findet somit keinen Einstand, in dem es nicht wieder angerührt wird. Ständiger Spur-/Fährtenlaut zeigt den Schützen an, aus welcher Richtung Wild zu erwarten ist. Bereits vor dem festgelegten Ende der Jagd werden die Hunde wieder angeleint. Verirrte Hunde müssen gemeinsam von Schützen und Hundeführern zum Ende der Jagd eingefangen und angeleint werden. Dazu sollte jeder Jäger eine Hundeleine oder wenigstens eine Schnur in seiner Jagdausrüstung mitführen.

Hinsichtlich der Sicherheit ist festzustellen, dass im Vergleich zu einer herkömmlichen Drückjagd das Schussfeld weniger eingeschränkt ist, da sich keine Personen im Treiben bewegen. Bei der Schussabgabe ist darauf zu achten, dass kein Hund gefährdet wird. Zu Bedenken ist dabei auch, dass Geschossteile am Anschuss durch Streuung von Geschosssplittern dem nachfolgenden oder stellenden Stöberhund gefährlich werden können.

Bewertung der Rehwildtrophäe

Formblatt

Messungen	**Punkte**
1. Länge der linken Stange/ Länge der rechten Stange	Durchschnitt in cm x 0,5: ....
2. Masse des trockenen Gehörns	in g x 0,1: ....
3. Volumen des Gehörns	in cm^3 x 0,3: ....
	Summe: ....

Schönheitspunkte	
– Farbe	von 0 bis 4 Punkte: ....
– Perlung	von 0 bis 4 Punkte: ....
– Rosen	von 0 bis 4 Punkte: ....
– Auslage	von 0 bis 4 Punkte: ....
– Spitzen der Enden	von 0 bis 2 Punkte: ....
Zuschläge für Regelmäßigkeit und Güte (Begründung angeben)	von 0 bis 5 Punkte: ....
	Summe: ....

Eventuelle Fehlerabzüge

Begründung — **Endgültige Summe: ....**

Prämierungsgrenzen

Bei der Prämierung gelten folgende Maßstäbe:

I. Preis (Goldmedaille)	über 130 Punkte
II. Preis (Silbermedaille)	115 bis 129,9 Punkte
III. Preis (Bronzemedaille)	105 bis 114,9 Punkte

Messanleitung

1. **Stangenlänge.** Das Messband wird vom unteren äußeren Rosenrand auf der Außenseite der Stange entlang bis zur höchsten Spitze geführt. Es darf nicht in den Winkel zwischen oberem Rosenrand und Stange eingedrückt werden und es muss allen Krümmungen der Stange folgen. Zur Ermittlung der größten Länge muss gelegentlich beim Mittel- und Hinterspross probiert werden. Die Länge wird auf 0,1 cm genau gemessen.
2. **Masse des trockenen Gehörns.** Als Waage eignet sich am besten eine Briefwaage, da mit einer Genauigkeit von 1 g gewogen werden muss.
3. **Volumen des Gehörns.** Für die Bewertung der Rehwildtrophäe hat die Volumenermittlung eine große Bedeutung, da allein für 1 cm^3 Gehörnvolumen 0,3 Punkte in Ansatz gebracht werden. Bei Trophäen bis 130 Punkte kann in vereinfachter Form zur Ermittlung der Punkte aus der Masse des trockenen Gehörns und des Volumens des Gehörns ein Näherungsverfahren angewendet werden. Dazu wird eine Multiplikation der Masse des trockenes Gehörns mit den Durchschnittsfaktor 0,23 durchgeführt. Man erhält damit den Punktwert für die Masse und das Volumen zusammen.

Schönheitspunkte

Farbe

– Hell oder künstlich gefärbt	0 Punkte
– Gelblich bis hellbraun	1 Punkt
– Mittelbraun	2 Punkte
– Dunkelbraun glanzlos	3 Punkte
– Dunkelbraun glänzend, fast schwarz	4 Punkte

Es ist die Farbe der Stangen, nicht etwa die der teilweise hellgefegten Perlen zu Grunde zu legen.

Zuschläge für Regelmäßigkeit und Güte

Der Zuschlag muss durch Gutachter eingeschätzt werden; dies erfordert einige Erfahrung. Für völlig symmetrische Gehörne mit ausgewogenen Proportionen werden 5 Punkte vergeben. Ihre Zahl vermindert sich mit abnehmender Proportion und Regelmäßigkeit.

Abzüge

Für völlig unregelmäßige Stangen und Enden, abnorm weite Auslage oder poröse Gehörne können je nach visuellem Wirkungsgrad bis zu 5 Punkte abgezogen werden. Es ist gestattet, halbe Zuschlags- oder Abzugspunkte zu vergeben, doch sollte auch hier von Vierteln abgesehen werden.

Längenmessung an der Rehkrone

Die größte Länge muss unter Umständen durch Probieren zwischen dem Mittel- und Hinterspross ermittelt werden.

161 >>

Massezuschläge und -abzüge

(Masseangaben in Gramm)

162 >>

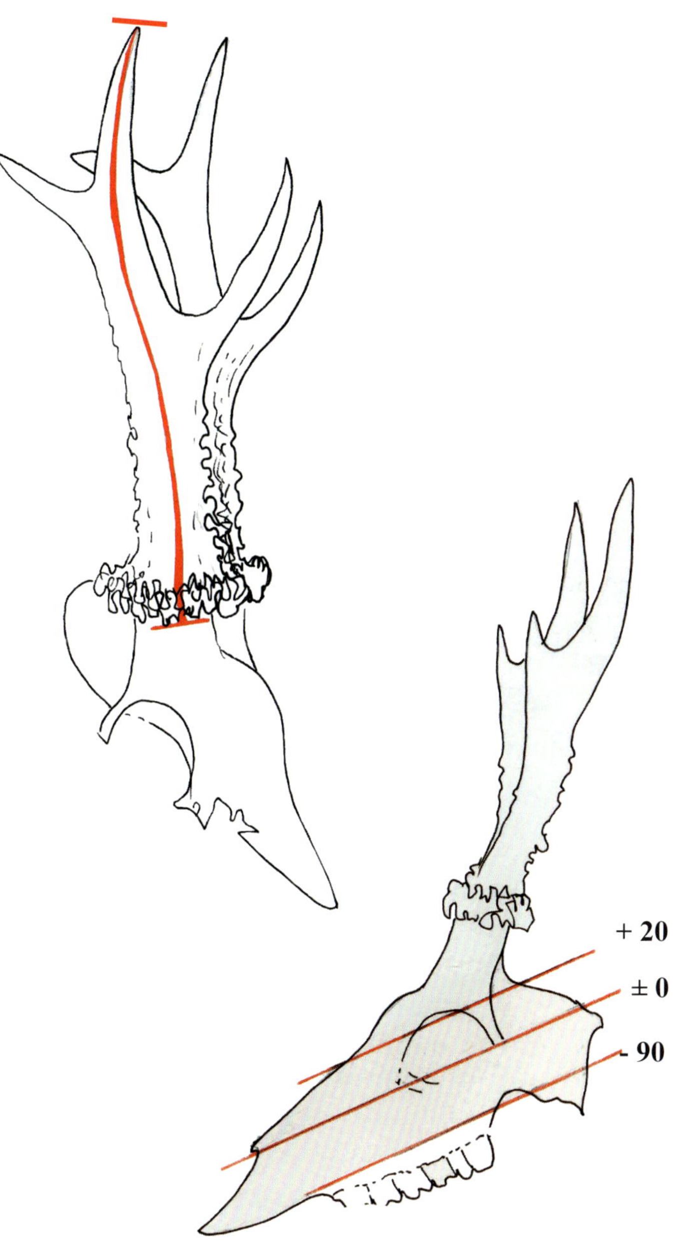
+ 20
± 0
- 90

Gemeinsame Richtlinie für die Hege und Bejagung des Schalenwildes der Länder Brandenburg und Mecklenburg-Vorpommern – Wildbewirtschaftungsrichtlinie vom 24.04.2001

Rehwild

Grundlagen

Zielbestand:	**In Stück:** (durch die Hegegemeinschaften im Bewirtschaftungsbezirk vorzuschlagen und durch die Untere Jagdbehörde zu bestätigen/ festzusetzen)
Zuwachs:	**Rehwild, überwiegend im Wald lebend:** 80 bis 100 vom Hundert des am 1. April vorhandenen weiblichen Wildes **Rehwild überwiegend in der offenen Landschaft lebend:** 30 bis 80 vom Hundert des am 1. April vorhandenen weiblichen Wildes
Geschlechterverhältnis männlich zu weiblich im Abschuss:	**Rehwild überwiegend im Wald lebend:** – von 45 : 55 bis 30 : 70 Rehwild überwiegend in der offenen Landschaft lebend: – von 50 : 50 bis 70 : 30

Altersklassen und Streckenanteile

Geschlecht	Altersklasse	Alter in Jahren	Zu planender Streckenanteil (Richtwerte)
weiblich	0 (Rickenkitze) 1 (Schmalrehe)	unter 1 1	60 % vom Ges.-abschuss, ♀
	2 (Ricken)	ab 2	40 % vom Ges.-abschuss, ♀
männlich	0 (Bockkitze) 1 (Jährlinge)	unter 1 1	60 % vom Ges.-abschuss, ♂
	2 (Böcke)	2	40 % vom Ges.-abschuss, ♂

Erläuterungen:

(1) Als Grundlage für die Abschussplanung sind entsprechend des Lebensraumes und der Gegebenheiten der Rehwildpopulation der Zuwachs und das Geschlechterverhältnis im Abschuss innerhalb der angegebenen Spanne für den Jagdbezirk festzulegen.

(2) Sowohl bei der Abschussplanung als auch im Abschuss werden beim weiblichen als auch beim männlichen Rehwild jeweils die Altersklassen 0 und 1 zusammengefasst. Die Wildnachweisung ist altersklassenweise getrennt zu führen.

Quellennachweis

Antonoff, G.: Vom Ansprechen des Rehbockes. Zeitschrift „Die Pirsch“, 8. Jahrgang, Nr. 25, München 1956.

Briedermann, L., Mehlitz, S., Richter, H.-J.: Die Jagdtrophäen. 1. Auflage, VEB Deutscher Landwirtschaftsverlag, Berlin 1979.

Bruns, H.: Das Ansprechen des Rehwildes. 10. Auflage, Verlag M. und H. Schaper, Hannover 1965.

Diezel, K.-E.: Diezels Niederjagd. Verlag P. Parey, Hamburg und Berlin.

Kerschagl, W.: Rehwildkunde. Hubertusverlag Richter und Springer, Wien 1952.

Müller, H.-J.: Vorschlag zur Bestimmung der Wilddichte nach Äsungsverhältnissen. Zeitschrift „Unsere Jagd“, Jahrgang 1964, S. 51.

Passarge, H.: Zur Frage des Wahlabschusses beim weiblichen Rehwild. Zeitschrift „Unsere Jagd“, Jahrgang 1965, S. 157.

Raesfeld, F. v.: Das Rehwild. 4. Auflage, Verlag P. Parey, Hamburg und Berlin 1956.

Reichelt, H.: Zur Klassifizierung unserer Rehgehörne. Zeitschrift „Unsere Jagd“, Jahrgang 1965, S. 155.

Stubbe, Ch.: Das Rehwild. 1. Auflage, VEB Deutscher Landwirtschaftsverlag, Berlin 1979.

Vogt, Schmidt: Das Rehwild. Österreichischer Jagd- und Fischereiverlag, Wien.

Wagenknecht, E.: Zum Abschuss weiblichen Rot-, Dam- und Rehwildes. Zeitschrift „Unsere Jagd“, Jahrgang 1963, S. 270.

Wagenknecht, E.: Bewirtschaftung unserer Schalenwildbestände. 3. Auflage, VEB Deutscher Landwirtschaftsverlag, Berlin 1968, 6. Auflage 1994.

Weisskirchen, K.: Faszination Lockjagd, 1. Auflage, Verlag J. Neumann-Neudamm, Melsungen 2004.

Wuttky, K.: Rehwildhege durch planmäßigen Abschuss. Merkblatt Nr. 14 der Arbeitsgemeinschaft für Jagd- und Wildforschung 1961.

Fischer/Schumann

Rotwild

Ansprechen und Bejagen

5. Auflage
Broschüre 184 Seiten
zahlr. farb. Abbildungen
Format 10,5 x 19,0 cm
ISBN 978-3-7888-2039-8

Sowohl die Erhaltung der freilebenden Tierwelt und ihrer Lebensräume als auch die nachhaltige Nutzung jagdbarer Tiere zählen zu den wichtigsten Aufgaben der Jagd.

Zur genauen Kenntnis des Rotwildes gehört neben dem Ansprechen nach Geschlecht, Alter und Vitalität auch das Wissen über die Lebensäußerungen und die Zeichen seiner Anwesenheit. Das vorliegende Buch wird Jungjägern, erfahrenen Jägern und Naturfreunden als bewährtes Standardwerk für die Beobachtung, das Ansprechen und die Bejagung dienen.

Die Autoren haben Jahrzehnte lang in Rotwildeinstandsgebieten als Forstleute und Jäger gewirkt und verfügen über einen großen Erfahrungsschatz.

In dieser Neuausgabe wurden die Empfehlungen der gemeinsamen Richtlinie für die Hege und Bejagung des Schalenwildes der Länder Brandenburg und Mecklenburg-Vorpommern aufgegriffen.

Neumann-Neudamm Verlag
Unter dem Schöneberg 1, 34212 Melsungen
info@neumann-neudamm.de
www.neumann-neudamm.de

Fährtenbilder

Es gibt geringfügige Größenunterschiede zwischen den Trittsiegeln von Bock und Ricke, so dass das Ansprechen der Geschlechter allein nach der Fährte nicht möglich ist. Ein geringer Bock fährtet sich ebenso stark wie eine starke Ricke.

In der Fährte des vertraut ziehenden Stückes stehen die einzelnen Tritte nur gering nach außen und werden fast ineinander gesetzt. Das Schränken ist nur sehr gering ausgeprägt (Abb. 3). Die Fluchtfährte ähnelt im Fährtenbild der des Rotwildes. Da aber das Rehwild auf der Hinterhand etwas überbaut ist, macht es in der Einzelflucht einen Hochsprung.

Dadurch entsteht das jedem Jäger bekannte „Wippen des Spiegels". Die Vorderläufe werden schräg von oben her gesetzt. Während das Rotwild im flachen Weitsprüngen flüchtet, ist die Flucht des Rehwildes eine Hochflucht.

Das Trittsiegel der Fluchtfährte macht deutlich, dass das Rehwild in der Flucht die Schalen stärker als alle anderen Schalenwildarten spreizt. Sehr deutlich und scharf gezeichnet sind die Eingriffe der Schalenspitzen und des Geäfters (Abb. 3 b,c).